中国主要作物绿色高效施肥技术丛书

农田氨排放
及其控制对策

刘学军　张　影　张书红◎主编

中国农业出版社

北京

内容简介

　　氨是大气中的碱性气体，它与雾霾天气的发生和空气质量息息相关。农田氨挥发不仅导致氮素损失，也是大气氨的重要贡献源。本书针对农田氨排放及控制对策这一热点问题，详细阐述了大气氨排放特征、现状及减排意义，重点介绍了我国大气氨浓度特征及其对秋冬季雾霾天气的影响；归纳总结了农田氨挥发的测定方法，比较了不同方法的优缺点和适用范围；探讨了农田氨排放机理及影响因素，并介绍了农田氨排放的控制对策和区域化农田氨减排案例。

丛书编委会

本书编委会

主　编　刘学军　张　影　张书红

副主编　温　章　王敬霞　岳小松

　　　　马延东　郭景丽

参　编（按姓名笔画排序）

　　　　许　稳　曲志辰　张洋洋

　　　　沙志鹏　杨自超　杨博兰

　　　　侯志强　梁　策

前 言

　　氮肥是保障粮食安全的重要生产资料，但氮肥的不合理施用不仅造成氮肥利用率下降和资源浪费，其导致的农田氨排放同样是全球范围内氨排放的重要贡献源。氨作为大气中丰富的活性氮与碱性气体，进入环境后会对生态系统功能产生诸多负面影响。比如，氨与酸性气体（如硝酸、硫酸）反应形成的硝酸铵和硫酸铵粒子，是二次无机气溶胶的重要前体物质，在引发细颗粒物污染中起着至关重要的作用，且与雾霾天气的发生和空气质量息息相关。因此，聚焦典型土壤类型、区域、种植模式的氨排放特征及其控制对策将是未来农业面源污染控制的一个重要方向。

　　种植业或农田的氨排放主要与铵态或酰胺态氮肥的施用有关，种植业氨减排可通过控制氮肥的施用总量、改善农田管理措施、优化氮肥产品和施用技术等途径实现。目前，随着农业农村部化肥零增长/负增长行动的实施，氮肥用量逐步趋于合理，并且在大力倡导秸秆还田和有机替代等农田管理措施的背景下，未来农田氨减排的重点将是肥料品种与施肥技术的优化。

　　在此背景下，笔者针对农田氨排放的机理和消减技术做了大量的研究与推广工作，并且取得了较好的成绩。本书针对农田氨排放及控制对策这一热点问题，查阅相关文献资料，并结合笔者前期研究结果，阐述了大气氨排放特征、现状及

1

减排意义，总结了农田氨挥发的测定方法，并探讨了农田氨排放机理和影响因素，最后介绍了农田氨排放的控制对策和区域化农田氨减排案例。希望读者能通过阅读本书而重视农田氨减排，了解农田氨排放机理，熟悉农田氨排放的控制对策和相关农业技术规程。

本书由中国农业大学刘学军、温章、王敬霞、许稳、曲志辰、张洋洋、沙志鹏、梁策，河南科技学院张影、岳小松，河南心连心化学工业集团股份有限公司张书红、郭景丽、马延东、杨自超、杨博兰、侯志强编写。其中，第一章由刘学军、温章、张洋洋、张书红编写，第二章由刘学军、王敬霞、曲志辰、张书红编写，第三章由张影、郭景丽、岳小松、张书红编写，第四章由张影、郭景丽、马延东、张书红编写，沙志鹏、许稳、侯志强、杨自超、杨博兰也参加了部分章节的编写工作。全书由刘学军和张影统稿。

由于时间和编者水平有限，书稿难免有不妥之处，欢迎广大读者批评指正。

编　者

2024 年 4 月

目　录

农田氨排放及其控制对策 >>>

PART 01

第一章

大气氨排放特征、
现状及减排意义

一、大气氨的来源与排放特征

1. 氮素流动及氨的环境影响

在大气和生物圈中，氮可以分为活性氮（Reactive nitrogen，N_r）和惰性氮（N_2）。活性氮是指所有具有生物活性、光化学活性和辐射活性的含氮化合物。氨（NH_3）作为大气中丰富的活性氮与碱性气体，进入环境后会对生态系统功能产生诸多负面影响。首先，氨能在微生物的作用下通过硝化作用和反硝化作用转化为氧化亚氮（N_2O），它是一种重要的温室气体。美国环保署发布的有关温室气体相关变化中提及，氧化亚氮的全球升温潜能值（GWP）高（为二氧化碳的 265~298 倍），寿命更长（约 114 年），并具有破坏臭氧层（O_3）的能力（Tarin et al.，2021）。其次，除了影响全球气候变化外，氨排放与近年来比较关注的大气霾污染问题关系密切。研究发现，大气 $PM_{2.5}$ 细颗粒物污染受到氨排放的显著影响（Huang et al.，2021），主要原因是氨能与酸性气体（如硝酸、硫酸）反应形成硝酸铵和硫酸铵粒子，是二次无机气溶胶的重要前体物质，在引发细颗粒物污染中起着至关重要的作用（Xu et al.，2020），大气颗粒物污染能显著提高心血管疾病与呼吸系统疾病的发病率与死亡率。此外，排放到大气中的氨及其二次转化形成的铵盐还会通过干、湿沉降的方式进入土壤和水体（Camargo et

1

al.，2006），导致土壤酸化、水体富营养化，并影响生态系统环境质量等（Sutton et al.，2011）。图 1－1 为氮素级联效应示意图，反映了活性氮在各种人类活动过程中流动带来的影响。

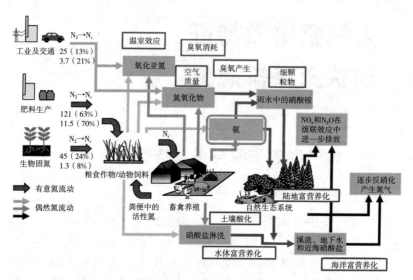

图 1－1　氮素流动及其级联效应导致的相关环境问题

2. 大气中氨的来源

大气氨的来源包括自然源与人为源。自然源主要是非人为干扰的森林与草原等植被的释放、海洋和其他水体的蒸发与土壤中的挥发等，此部分目前对全球大气氨的贡献占比较低，而人为活动导致的氨排放是主要的贡献源。《大气氨源排放清单编制技术指南》中明确指出，大气氨排放的人为源主要包括农田化肥、畜牧业、生物质燃烧、燃料燃烧、化工产业、废弃物处理、机动车尾气排放等。目前，为了便于区域化氨排放清单的估算和控制，根据排放量的贡献可以将人为活动分为如下四类：畜牧业，包含农户散养、集约化养殖和放牧养殖模式下的氨排放；农田生态系统，包括含氮化肥施用、土壤本底排放、固氮农作物和秸秆堆肥排放；生物质燃烧排

2

放，包含森林火灾、草原火灾、秸秆露天焚烧、秸秆室内燃烧和薪柴燃烧；其他源，包含人体排泄物、化工产业、废弃物处理、机动车尾气排放和火电厂烟气脱硝氨逃逸。

据统计，全球范围内，各种人为活动（农事活动、工业生产等）都会使得氨排放量日益升高，造成了巨额经济损失，通过卫星观测到全球氨的大气柱浓度在近十几年呈现持续增长趋势（Liu et al.，2018）。研究发现，印度北部和我国的华北地区氨排放量显著高于其他区域，是全球氨排放的热点区域（Pai et al.，2021）。多年来的观测发现，由于人为活动的影响，城市氨排放浓度为森林、草地和高山等背景区的3～5倍（Pan et al.，2018）。虽然已经明确了人为活动对大气氨浓度的重要贡献，但由于氨排放受气候因素和生态环境条件的影响较大，并且不同区域间各贡献源占比存在明显差异，目前对于不同时期城市大气氨的精准溯源还比较困难。比如，种植业氨排放主要来源于农田的高氮投入和粗放管理，由于我国大多区域采用小农户经营模式，不同农户间的种植模式、管理水平差异较大，增加了农田氨排放清单精准估算的难度。因此，确定氨的主要来源，从而有针对性地减少氨排放，对缓解我国大气雾霾污染和过量氮沉降都具有重要的科学意义和迫切的现实需求。

土壤氮素有效性是决定生态系统生产力的关键因素（Vitousek et al.，2002）。自然界中，将惰性的氮气转化成能被生物吸收利用的形态有闪电及生物固氮等过程（Fowler et al.，2013），其中陆地年生物固氮量为 $50 \times 10^6 \sim 100 \times 10^6$ 吨（Vitousek et al.，2002；Vitousek et al.，2013），海洋年生物固氮量为 $60 \times 10^6 \sim 200 \times 10^6$ 吨（Duce et al.，2008；Galloway et al.，2004），闪电（2.4×10^6 吨/年）占总自然固氮的 2.4%（Fowler et al.，2013）。全球范围内，不断增加的人口对粮食的需求量逐年增加，而粮食的生产需要大量的活性氮支撑，但自然界生物与非生物固氮过程产生的活性氮已远不能满足需求。直到 1913 年，Haber-Bosch 过程（在高温高压和催化剂的作用下将 N_2 和 H_2 合成 NH_3）的工业化使人类能自主生产大量的活性氮并制作成含氮化肥用于农业，以提高粮食作物的产量，从而满足了人类生存发展的基本需求，对近代农业生产力的提升具有划时代的意义（Erisman et al.，2008）。20世纪70年代中期之后，人为活动产生的活性氮超过了自然固氮（Galloway et al.，2004），化石燃料燃烧和农业活动的生物固氮主导了陆地生态系统固氮。据统计，21世纪初，农业生产固氮（肥料施用、豆类生物固氮）已经占人为固氮的3/4，化石燃料燃烧和工业固氮占剩下的1/4（Galloway et al.，2008；Sutton et al.，2011）。氮肥是保障粮食安全的重要生产资料，但氮肥的不合理施用导致的农田氨排放是全球范围内氨排放的重要贡献源。在过去的一个世纪里，集约化农业的发展增加了全球和区域大气氨负荷，远远超出了自然水平。因此，农田氨排放是目前大气氨浓度的重要贡献源，聚焦典型土壤类型、区域、种植模式的氨排放特征将是未来农业面源污染控制的一个重要方向。

3. 氨排放特征

联合国政府间气候变化专门委员会在第六次评估报告中指出，1970年以来，温室气体浓度的增加主要是由人为活动造成的，2010年人为源的活性氮排放比自然源固定的活性氮排放高两倍以上（Ciais et al.，2014）。农业生产中化肥施用和动物粪便管理是大气中氨排放的主要来源，相比对工业活动排放的严格管控，全球范围内对农业源污染的控制却远远落后，主要原因包括对农业源排放重视不足、减排技术和污染观测网络发展滞后、农业面源污染减排相对困难以及农产品供应链高度全球化等。目前，我国氨排放量约1000万吨。在过去30年中，畜禽养殖始终是我国最大的氨排放来源，占排放总量的50%左右；其次为各类氮肥的施用，贡献率为30%～40%。最新研究发现，畜禽养殖、氮肥施用所占比例均略有下降。其中畜禽粪便为44.8%，畜种中肉牛贡献最大，其次是羊、生猪；氮肥施用为38.6%，施用尿素为田间系统氨挥发的主要来源（Li et al.，2021）。另有研究表明，我国贵州地区天然源氨排放的贡献率仅为0.15%（肖红伟等，2010）。总之，我国学者主要关注人为源氨排放，对天然源氨排放的研究较少。

由于人口密度、农业发展程度的不同，我国氨排放通量存在明显空间差异，华北平原和四川东部等地区是氨排放量最高的区域，主要集中在河北、河南、山东、江苏、四川盆地及新疆准噶尔盆地边缘，这与其高度集中的农作物耕作和施重肥的农业习惯密不可分（Deng et al.，2021）。西藏和青海是氨排放强度最低的区域，这归因于其稀少的人口以及欠发达的农牧业活动。我国东部地区、四川东部以及新疆西北部由于巨大的畜禽饲养量，成为畜牧业氨排放最为集中的区域（王琛等，2021）。

秸秆田间焚烧、人体排泄物、废弃物处理、机动车尾气排放等也是大气氨的重要贡献源。在国家出台秸秆禁烧和综合利用管理办法之前，秸秆田间焚烧现象非常普遍，最密集的区域在我国华北平原，在东北和南部地区也存在大面积秸秆焚烧现象。由于生物质资源易获取且较其他能源相对匮乏，因此河北、东北地区以及广东、广西和贵州等省份成为生物质燃料消耗最多的地区（Cheng et al.，2021）。人体排泄物氨排放强度最高的是河北，其次是四川东部、河南、安徽、湖南以及新疆的西北部，这些省份的农村人口数量庞大，同时卫生厕所比例较低，成为我国人体排泄物氨排放的重点区域（Huang et al.，2012）。废弃物处理氨排放高值区主要有广东、江苏、山东、浙江、辽宁以及上海等地。东部沿海地区较高的生活水平对应着庞大的废物产生量，同时这些省份的废弃物处理技术水平位于全国前列（Huo et al.，2015）。广东和山东是机动车尾气氨排放最显著的地区，江苏、浙江、河北、河南和四川的排放水平也较高，这主要归因于其较高的城市发展水平和相对密集的人口数量。我国火电厂主要集中在煤炭资源丰富和交通便利的沿海地区，烟气脱硝氨逃逸量最高的省份为江苏，其次是山东、内蒙古和广东。另有研究表明，工业源是氨排放的额外重要贡献者（Kong et al.，2019），高密度的工业点位于西北地区的排放热点，与其高氨排放相吻合。

多项研究表明，我国氨排放存在明显的季节变化（Cheng et

al.，2021；Li et al.，2021；Zhang et al.，2018），不同年份表现出相似的变化规律。1—3月，氨排放量相对较少，3月后氨挥发逐步升高，6—8月是氨排放最为集中的时期。氨排放总体趋向于夏秋季高、冬春季低，主要是由于密集的农牧活动以及较高的环境温度变化。此外，夏季的玉米和水稻施肥是造成我国氨排放增加的主要原因（Li et al.，2021）。畜禽排泄物的氨挥发与气象条件有极大的相关性，其氨排放主要集中在5—9月，7月达到最大，12月回落至最低水平。秸秆田间焚烧的高峰期发生在3—6月，10月也会出现峰值，这与不同农作物的收获时间和地域性的农耕习惯紧密关联。森林和草原大火的氨排放主要集中在春秋季（2—4月和8—10月），此时较少的降水量、较强的风力、不断攀升的气温以及大量落叶堆积有利于火灾的发生（Kang et al.，2016；Liu et al.，2015）。

二、我国大气氨浓度特征

大气中的氨（NH_3）不仅是地球氮（N）循环的重要组成部分，也是$PM_{2.5}$（指环境空气中空气动力学当量直径小于等于2.5微米的颗粒物）中铵的气态前体物。大气NH_3可以与酸性气体［如二氧化硫（SO_2）和二氧化氮（NO_2）］的氧化产物（如H_2SO_4和HNO_3）迅速反应成铵盐类［$(NH_4)_2SO_4$和NH_4NO_3］，从而对区域乃至全球空气质量、人体健康和气候变化产生不利影响。此外，NH_3虽然可为生态系统提供主要营养元素N，但大气中过量的NH_3沉降会导致光合速率和生物多样性降低、湖泊或近岸水域富营养化和陆地土壤酸化。自20世纪80年代以来，由于过度施肥和畜禽养殖等人为活动的强烈影响，我国氨排放大幅增加，农业活动贡献了我国氨总排放量的80%以上，世界其他地区亦是如此。

由于氨在生态环境中的重要作用，定量分析大气NH_3浓度的时空变化具有重要意义。许多研究表明，控制NH_3排放可以显著改善城市、国家尺度上的空气质量。然而，到目前为止，NH_3的测定还未被纳入为空气质量管理而建立的国家环境监测平台（https：//air.cnemc.cn：18007/）。由于技术操作上的困难，长时间和大规模的环境 NH_3 浓度测量仍然是一个较大的挑战。此外，由于个体研究采用的监测方法不同，这在比较各项观测结果时可能会产生一些误差。因此，如何准确、全面地评价我国大气 NH_3 的时空特征已成为生态环境领域的热点问题之一。目前，大气 NH_3 浓度只能从有限的现场测量和模型模拟中获得。

1. 大气 NH_3 的柱浓度空间分布

我国大气氨排放存在明显的区域化差异（图 1-2）。2008—2016 年 NH_3 柱浓度平均值的空间格局结果表明（Cheng et al.，2020），最高浓度出现在华北平原（N30°—40°、E110°—120°），包括河北、河南、山东等省份及陕西、江苏、安徽、湖北等部分地区，NH_3 柱浓度超过 11×10^{15} 摩尔分子数/厘米^2）。NH_3 柱浓度年增长率的空间变化与 NH_3 柱浓度年均值相似。这些结果表明，我国尤其是华北平原年均 NH_3 柱浓度持续增加，年均增长率为 0.6×10^{15} 摩尔分子数/厘米^2。高 NH_3 柱浓度和增长率是区域人口密集且持续增长导致的高氨排放和密集农业活动的化肥施用造成的。新疆也表现出较高的 NH_3 柱浓度，特别是塔里木盆地和准噶尔盆地边缘地带，这可能是由于该地区拥有全球最大的绿洲农牧业区域。从全国来看，最低的 NH_3 柱浓度大部分位于青藏高原和内蒙古、新疆北部，这是由于人口稀少、耕地面积小、合成氮肥投入少，氨排放处于较低水平。根据不同部门氨排放量估算发现，2008—2016 年农业活动氨排放量占总排放量的 92%～93%，工业活动、居民（生活）和交通排放的氨平均贡献率分别约为 2.9%、3.8% 和 0.3%，表明农业活动排放的氨是我国大气氨的主要来源。

2. 大气 NH_3 的季节变化

从 2008—2016 年平均值来看，我国季节性 NH_3 柱浓度夏季最高，冬季最低，这是因为冬季 NH_3 排放量相对较低（图 1-3）。

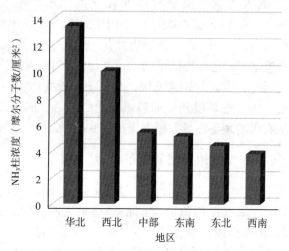

图1-2 我国大气氨浓度的空间分布

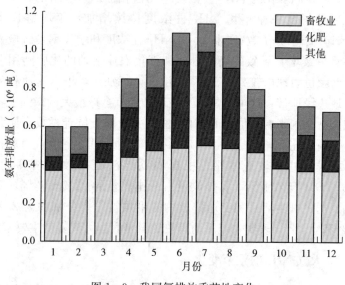

图1-3 我国氨排放季节性变化

具体来说，除位于我国南方的热带地区外，大部分地区的 NH_3 柱浓度从春季到夏季都显著增加。从冬季到春季，新疆北部、内蒙古、黑龙江和西藏中部地区 NH_3 柱浓度下降，而华北主要农业区 NH_3 柱浓度明显上升。这种 NH_3 柱浓度的季节性变化，与我国由南向北的气候和土壤温度变化导致的广泛农业活动密切相关。农业活动作为 NH_3 排放的主要来源，65％以上的施肥和50％以上的牲畜排放都发生在春夏季（Huang et al.，2012）。在春夏季，由于农业活动频繁、施用氮肥以及气温升高，向大气排放的 NH_3 增加。此外，高温显著加速了化肥、动物垃圾、城市垃圾或车辆等的 NH_3 挥发，这些因素共同导致大气 NH_3 柱浓度增加。随后在秋冬季，由于 NH_3 排放量显著减少，NH_3 柱浓度急剧下降。

3. 华北平原大气 NH_3 柱浓度增加的原因

2008—2016 年华北平原 NH_3 柱浓度最高，增长速度最快。笔者分别计算了寒冷月份（10 月）和温暖月份（4 月）的 NH_3、SO_2 和 NO_2 浓度的变化，进行时间趋势分析。

NH_3 柱浓度和排放及 NO_2、SO_2 柱浓度的变化趋势在 2011—2012 年出现拐点。2008—2012 年华北平原 NH_3 柱浓度在温暖月份略有下降，年下降率为 0.24×10^{15} 摩尔分子数/厘米^2；在寒冷月份有所增加，年增加率为 0.14×10^{15} 摩尔分子数/厘米^2。这一现象与 NH_3 的排放变化相一致。而 2012 年以来，温暖月份 NH_3 柱浓度急剧增加，年增加率为 1.84×10^{15} 摩尔分子数/厘米^2；寒冷月份 NH_3 柱浓度略有增加，年增加率为 0.39×10^{15} 摩尔分子数/厘米^2。与此同时，NH_3 排放量呈小幅下降趋势。这些结果表明，2012 年以来华北平原对流层 NH_3 柱浓度显著增加，NH_3 排放的贡献较小。

相比之下，2012—2016 年华北平原对流层 SO_2 和 NO_2 柱浓度明显下降，寒冷月份和温暖月份的年下降率分别为 0.06 摩尔分子数/厘米^2 和 1.22×10^{15} 摩尔分子数/厘米^2，这主要是因为"十一五"（2006—2010 年）以来我国发布持续减少 SO_2 和 NO_2 排放战略，并成功降低了大气酸性气体浓度（Liu et al.，2020a）。由于大气中 NH_3 能与酸性前体物（如 SO_2 和 NO_2 等）形成铵盐，气态 SO_2 和 NO_2 减少间接诱导大气中 NH_3 浓度提高。然而，在区域或国家层面上，控制 NH_3 排放的约束性目标和措施相对薄弱。在《"十四五"土壤、地下水和农村生态环境保护规划》中首次提出，到 2025 年，京津冀及周边地区大型规模化养殖场氨排放总量（相比 2020 年）削减 5%。

4. 大气 NH_3 浓度时空变化的启示

我国目前的减排措施主要集中在工业和交通运输业 SO_2 和 NO_x 排放，对 NH_3 的减排措施还未以国家政策的形式颁布实施。2015 年由农业部下发的《到 2020 年化肥使用量零增长行动方案》旨在解决我国化肥（包括氮肥）大量施用、氮肥利用率低（仅为 40%左右）的问题，同时也能够减少化肥施用对生态环境带来的 NH_3 污染。"4R"养分管理是普遍采用的最佳肥料养分管理方法，即选择正确的肥料品种（Right source）、正确的肥料用量（Right rate）、正确的施肥时间（Right time）、正确的施肥位置（Right place）。例如基于测土配方，使用配制肥和复合肥，并且用硝态氮肥代替铵态氮肥；另外，避免过度施肥和深施以减少 NH_3 的挥发等，加入脲酶抑制剂同样能够降低 NH_3 排放量（Mazzetto et al.，2020）。脲酶抑制剂的使用可以抑制土壤脲酶活性和减缓尿素水解，使表施的尿素可以缓慢释放矿质氮以满足作物生长需要，从而最大限度地减少 NH_3 挥发，提高氮素利用率（Sha et al.，2020）。与当地农田施用传统尿素肥料相比，在小麦和玉米田中施用 Limus® 脲酶抑制剂可分别减少 50%和 60%的 NH_3 排放，同时增产 4%和 11%（Liu et al.，2020b）。

和农作物生产相比，畜牧业中 NH_3 的释放可能更为重要，因为严重的雾霾天气一般发生在农田活动较少的冬季。"非洲猪瘟"疫情的暴发使得我国大气 NH_3 浓度出现小幅下降，特别对于畜牧养殖监测点，浓度下降幅度高达 70%。这证明养殖数量的直接减少可以缓解我国 NH_3 高排放量和高浓度的问题。但是"非洲猪瘟"

这种被动且非持续因素导致的 NH_3 排放下降势必在一段时间后逐渐回升，畜牧业排放问题的解决依然应落脚于积极发展农业 NH_3 减排技术。研究表明，较为有效的减排技术是酸化粪肥使其 pH 为 $4.5\sim5.5$（Regueiro et al.，2016），较经济的选择是饲料优化与低粗蛋白输入（Zhang et al.，2019b）。此外，应重塑畜牧业生产和农作物生产之间的关系：2015 年，畜牧业生产活动产生的总粪便为 14.6×10^6 吨 N，到 2030 年将增加至 15.0×10^6 吨 N，此时我国农作物对总 N 的需求为 23.0×10^6 吨。这表明在全国范围内我国畜牧业有部分能力承担农田 N 需求，应重新构建以耕地为基础的畜牧业生产体系，实现农畜联动（Zhang et al.，2019a）。

三、氨对秋冬季雾霾污染的影响

作为最大的发展中国家，我国在过去一个多世纪特别是近 40 年经历了极为深刻的经济、社会和环境的变化。随着城市化和工业化迅速发展以及农业集约化程度不断提高，人们的生活质量得到很大程度改善，同时工业"三废"、生活垃圾以及农牧渔业废弃物的产生也急剧增加，造成了严重的大气污染。

大气气溶胶或颗粒物是指由大气中均匀分散的固相或液相微粒形成的一种稳定、均一的悬浮系统。其中，$PM_{2.5}$ 污染是我国当前关注的重大环境问题之一，在近几年频繁产生高浓度的颗粒物背景下，一旦遭遇不利的气象条件就会引发低能见度的大范围雾霾污染事件。空气质量因对区域乃至全球大气环境、人体健康、气候变化产生重要影响而备受关注（Lin et al.，2014；Li et al.，2016）。近些年来大气污染事件在我国频繁发生，以强度高（颗粒物的质量浓度在 $100\sim1\,000$ 微克/米^3）、发生范围广、持续时间长为特点，尤其是在冬季（Chan et al.，2008；Tie et al.，2009；Zhang et al.，2012）。特别是在 2013 年 1 月，我国中东部地区发生了一次极端雾霾污染事件，整个事件持续了近一个月时间，影响了约 130 万千米^2 的面积范围和近 8 亿居民，引起了广泛关注（Huang et

al.，2014)。针对大气污染问题，我国政府加大了大气污染治理力
度，出台修订了一系列相关的污染控制政策及标准，如《大气污染
防治行动计划》《打赢蓝天保卫战三年行动计划》等，我国大气污
染防治取得了显著成效。2020 年全国人口加权平均的 $PM_{2.5}$ 浓度为
33.5 微克/米^3，相比 2015 年下降 36.6%；各重点区域的 $PM_{2.5}$ 年
均暴露水平为 21.5～50.7 微克/米^3，相比 2015 年下降24.8%～
42.2%。其中，京津冀及周边地区的改善最为明显，长三角地区次
之。但值得注意的是，在 2020 年，全国仍然约有 43% 的人，居住
在年均浓度超过国家二级标准限值的地方，$PM_{2.5}$ 污染态势依然严
峻。这与世界卫生组织（WHO）基于公众健康给出的推荐值还有
相当大的差距，特别是 2021 年 9 月 WHO 推出《全球空气质量指
南》，进一步提高了相关指标的要求，可见我国大气污染防治任务
依然任重而道远。

长期观测表明，有机物和二次无机气溶胶（SNA）是我国
$PM_{2.5}$ 中的重要组成成分，二者在 $PM_{2.5}$ 总质量中所占比例超过
50%，SNA 占 25%～60%（Geng et al.，2017；Ding et al.，
2019）。SNA 作为大气颗粒物的重要组成成分，直接影响的是大气
降水的酸度，对酸沉降过程具有重要作用。另外，SNA 也可以通
过改变颗粒物的酸碱度而间接对人体健康产生影响，例如富集
SO_4^{2-} 的强酸性颗粒物会引发多种呼吸系统的疾病，且这些疾病与
颗粒物中的 H^+ 呈现出很强的相关性；同时，因 SNA 的强吸湿性
会对云凝结核（CCN）的浓度产生影响，进而影响辐射平衡。气
溶胶及其水溶性离子在可见光的波长范围（400～800 纳米）内比
较集中，因此对可见光具有很强的散射作用，并且 SNA 对于大气
消光系数具有较高贡献，是导致许多区域能见度降低的主要因素之
一。影响大气中 SNA 浓度和分布的最重要因素便是气体前体物的
排放，其对应的气体前体物二氧化硫（SO_2）、氮氧化物（NO_x）
和氨（NH_3）的主要排放源均为人为源。"十一五"规划（2006—
2010 年）提出：到 2010 年，全国 SO_2 排放较 2005 年减少 8%。
"十二五"规划（2011—2015 年）提出：到 2015 年，全国 NO_x 和

SO_2 排放分别比 2010 年减少 10％和 8％。"十三五"规划（2016—2020 年）提出：全国 NO_x 和 SO_2 排放分别比 2015 年减少 15％和 15％。"十四五"规划（2021—2025 年）提出：全国 NO_x 排放比 2020 年减少 10％以上。然而，我国 NH_3 排放总量却呈指数型上升（Liu et al.，2013），且目前仍没有全国性的 NH_3 减排目标。

NH_3 作为大气环境中最为重要的碱性气体，可以与 H_2SO_4 和 HNO_3 等酸性气体发生均相中和反应，是大气重霾污染过程中二次颗粒物形成的重要因素，其快速的化学生成或静稳的天气形势被认为是导致我国中东部地区冬季雾霾频发的重要原因。NH_3 可以有效提升大气细颗粒物的 pH，促进 SO_2 的液相氧化过程，从而快速形成 SO_4^{2-} 气溶胶（Jiang et al.，2017）。有研究提出在低温、高湿和中性的大气环境里，NH_3 参与的 NO_2 氧化 SO_2 的途径是我国北方大气中 SO_4^{2-} 气溶胶生成的主要途径，该反应途径可以用以下化学反应式表达（Wang et al.，2016）：

$$2NH_3(g)+SO_2(g)+2NO_2(g)+2H_2O(aq) \rightarrow 2NH_4^+ +SO_4^{2-} +2HONO(g)$$

NH_3 与硫酸（H_2SO_4）和硝酸（HNO_3）反应形成的硫酸铵 $[(NH_4)_2SO_4]$ 和硝酸铵（NH_4NO_3）两种铵盐颗粒物在吸收水分之后，其直径可以膨胀到接近可见光的波段，消光作用明显。这两种铵盐颗粒物的消光效果可达到一般颗粒物的 5～10 倍。因此，当这两种铵盐颗粒物的浓度达到一定程度时，雾霾天气就出现了（王跃思，2017）。有学者对此解释，氨气极易溶于水，1 升的水大约能溶解 700 升的氨气，这就意味着当大气湿度增加的时候，NH_3 就非常容易和水发生反应，而水又能够充分吸收大气中的 SO_2 和 NO_2，生成液态的亚硫酸和亚硝酸。在一定的氧化条件下，这两种酸性前体物就会被氧化为硫酸和硝酸，进而与 NH_3 发生酸碱中和反应，产生硫酸铵和硝酸铵形态的细颗粒物，即 $PM_{2.5}$ 的主要成分，这也是发生大气雾霾污染的主要原因。另外，NH_4^+ 的存在将会缓解 NO_3^- 和 SO_4^{2-} 之间的互斥反应，从而聚集形成新粒子。研究表明，NH_3 可使 SO_2、NO_x 的氧化反应增加 1～2 倍，从而引起粒子成核速率增加 2～4 倍（Jiang et al.，2020）。另外，HNO_3 和

NH_3 的蒸气会快速冷凝成新颗粒，特别是会发生在冬季的城市环境中，此时受到低大气混合层和本地污染源的共同驱动（Wang et al.，2020）。

研究表明，由于目前我国没有采取 NH_3 减排措施，SO_2 浓度大幅下降，NO_x 浓度小幅下降，而 NH_3 逐渐变得富足，使华北平原二次无机离子的主要形式由（NH_4）$_2SO_4$ 转变为（NH_4）$_2SO_4$ 和 NH_4NO_3（图 1 - 4）。特别是北京地区，含氮气溶胶呈现升高的趋势（Zhang et al.，2021）。NH_3 排放对全国城市颗粒态硫酸根 [P(SO_4^{2-})]、颗粒态硝酸根 [P(NO_3^-)]、颗粒态铵根 [P(NH_4^+)] 和 $PM_{2.5}$ 年均浓度贡献分别为 0.31 微克/米^3、7.52 微克/米^3、4.68 微克/米^3 和 15.01 微克/米^3。在北京冬季，SO_2、NO_x、NH_3 排放对 $PM_{2.5}$ 的贡献率为 14.2%、8.5% 和 13.2%（Zhang et al.，2015）。从贡献率来看，NH_3 排放对全国城市 P(SO_4^{2-}) 年均浓度贡献率较低，仅为 4.2%；而对 P(NO_3^-) 和 P(NH_4^+) 影响较大，年均浓度贡献率在 99.5% 以上；对 $PM_{2.5}$ 年均浓度贡献率约为

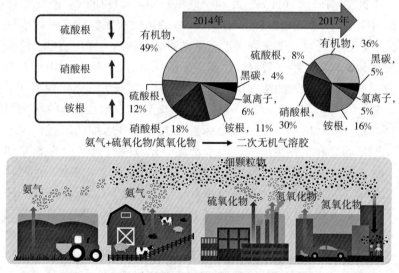

图 1 - 4　2014 年与 2017 年我国冬季细颗粒物化学组分
（引自 Li et al.，2019；Stokstad，2014）

29.8%（薛文博等，2016）。在北京常规的天气中，NH_4^+ 在 $PM_{2.5}$ 无机盐中所占的浓度是 20%；在极端良好的天气中，其所占 $PM_{2.5}$ 无机盐的浓度是 10%；在恶劣的重度污染天气中，NH_4^+ 的浓度会达到 60%，在所有污染源中排名首位（王艳等，2017）。所谓的重度污染天气，常常是伴随着相对较高的湿度和无风状态，这两种条件下，极易导致 SO_2、NO_x 和 NH_3 在空气中累积。湿度相对较大还容易导致 SO_2 和 NO_x 的氧化过程，进而使得铵盐在空气中大量累积，成为消光效应的主要推手。当然，NH_3 污染不仅体现在其对 $PM_{2.5}$ 浓度的贡献值上，更体现于其在重度污染天气中的集中爆发效应。从空气质量良好到重度污染往往在短短几个小时内就可完成这一转变，其间，硫酸铵和硝酸铵这两种铵盐的浓度增长呈现爆发态势，增幅达到几十倍，而其他的一般污染物，如有机碳等，其浓度增长一般只有几倍（王艳等，2017）。

由此可见，大气中的 NH_3 对雾霾颗粒物的形成和增加有重要的推动作用，可以说，NH_3 是雾霾生成的促进剂。NH_3 的减排对大气污染防治更具成本效益，不采取措施控制大气中 NH_3 的浓度可能使 SO_2 减排的效果打折扣（Cheng et al.，2016）。模拟结果显示，当减少区域 50% 的 NH_3 排放可削减 10% 以上 $PM_{2.5}$ 浓度，显著改善空气质量以及由空气污染诱发的公共卫生安全问题（An et al.，2019；Pozzer et al.，2017）。因此，综合评价我国的 NH_3 排放及来源是非常有必要的，特别是揭示不同典型地区的大气 NH_3 浓度的时空分布规律，分析 NH_3 在 $PM_{2.5}$ 形成中的作用，有助于认识 NH_3 排放对雾霾污染的影响，是解决空气污染问题的关键。

四、小结

受种植业和养殖业的影响，我国氨排放量在全球处于较高水平，且随着酸性气体排放量的下降，大气中的 NH_3 浓度居高不下。NH_3 作为一种碱性气体，在 $PM_{2.5}$ 的形成中扮演重要推手。大气氨的排放规律与来源的解析为实行氨减排提供了重要的理论支撑，未

来关于 NH_3 的研究还需进一步开展。首先，通过排放清单、同位素技术可对大气中的氨开展溯源工作，进一步明确不同地区、不同土地利用类型大气中氨的来源。其次，大气中的 NH_3 和颗粒物中的 NH_4^+ 受温度、湿度的影响而不断转化，因此需要对二者进行高精度的实时动态监测。最后，NH_3 参与排放和沉降的垂直双向交换，这部分在化学传输模型、地面和卫星监测中较难区分判断，这会导致过高估计大气 NH_3 浓度，特别是在农业发达地区。

PART 02

第二章
农田氨排放的测定方法

农田氨挥发/排放是氮素损失的一个重要途径，主要受到氮肥形态、施肥量、施肥方式、施肥时期，以及土壤质地、温度、风速和水分等因素的影响。精准测量农田氨排放强度和动态变化，是评判农田管理措施或者估算区域化氨排放清单的必要条件。农田氨排放的测定方法较多，目前常见的方法包括三大类，即微气象学法、动态箱法和静态箱法等，不同氨挥发测定方法的适用范围和优缺点也不同。自 20 世纪 80 年代以来，人们已利用上述方法开展较多的农田氨排放测定。这些方法的合理使用有助于揭示农田土壤中氮肥氨挥发的损失特征与优化措施的减排效果，从对环境友好的角度寻求最佳施氮量、施用时期和施用方法等，以期减少氮素损失，提高氮素利用率。但是，影响氨挥发的因素较多，增加了氨挥发测量的不确定性和复杂性，往往导致不同测量方法的测定值缺乏可比性。本章通过比较不同方法的异同、优缺点和适用范围，为农田土壤氨挥发原位测定方法的选择提供理论指导和参考。

一、微气象学法

微气象学法直接采集并分析农田上空的气体样品，不改变自然环境，具有测试期间不干扰氨挥发过程的优势。此外，微气象学法一般用于测定一定区域环境中的氨挥发，测定面积更大，更具空间代表性，但不适用于田间小区试验。该方法克服了动态箱法和静态箱法等不能准确量化氨排放的缺点，特别是在大面积氨挥发监测方面优势明显。但是，微气象学法也有一定的缺陷，比如要求测试区域面积大且平坦、需要复杂且昂贵的测量仪器，这也限制了此类方法的应用和发展。目前，农田氨挥发测定的微气象学法主要有梯度扩散法、质量平衡法、涡度相关法以及开路式氨挥发分析仪法。

1. 梯度扩散法

梯度扩散法是基于气体运动的梯度扩散原理，首先假设在风速和 NH_3 浓度均一的大面积农田上空存在一个 NH_3 浓度梯度不随时间变化的剖面，通过测定 NH_3 的湍流扩散系数（K）和垂直方向上 NH_3 浓度梯度来计算 NH_3 的垂直通量。该方法适用于大面积农田氨挥发的测定，具有无须稳定性校正、同时测定蒸散量的优点。但该方法对仪器灵敏度和气象条件要求高，并且仪器较昂贵。

梯度扩散法主要是针对垂直湍流扩散系数结合浓度梯度对干沉降通量进行计算。按照湍流扩散的梯度输送理论来处理大气污染物的垂直散布问题，是以垂直湍流扩散系数及其时空变化来表征大气污染物在垂直方向上的扩散能力，即表示垂直湍流所引起的物质输送的速率，取决于该物质分布的不均匀程度（污染物浓度梯度的大小）以及当前气象环境流场下所具备的扩散能力。在广泛的均匀表面上，可以使用风速、气温和痕量成分浓度的垂直型材的测量来估计大气和地面之间的通量。可以通过式（2-1）计算。

$$F_g = -u^* \chi^* \qquad (2-1)$$

式中，u^* 和 χ^* 分别是摩擦速度和摩擦浓度，并且含量符号中包括负符号，以将表面的发射定义为正通量。因素 u^* 和 χ^* 类似于瞬时波动装置的平均风速和浓度，并且可以从垂直梯度定义为

$$u^* = k(z-d)\Phi_M^{-1} \partial u/\partial z \qquad (2-2)$$

$$\chi^* = k(z-d)\Phi_H^{-1} \partial \chi/\partial z \qquad (2-3)$$

式中，k 是 von Kármán 常数（0.41）；z 是地面上方高度；d 是由于植被冠层的地面零位位移；Φ_M 和 Φ_H 是半矫正因子，分别考虑了

稳定性和不稳定性对动量和热量的影响；u 是风速；χ 是指定高度的氨浓度。假设对于热量和微量成分（如氨）的稳定性校正是相同的，因此 Φ_H 的半矫正因子可以应用于式（2-3）。式（2-2）和式（2-3）的整合提供线性和非线性轮廓，可以通过线性回归来描述。最简单的方法是排除 Φ_M 和 Φ_H，尽管实际中高度依赖。

$$u(z-d) = (u^* \Phi_M / k)\ln[(z-d)/z_\circ] \qquad (2-4)$$

$$\chi(z-d) = (\chi^* \Phi_H / k)\ln[(z-d)/z_g] \qquad (2-5)$$

式中，$z_\circ$（粗略长度）和 z_g 的常数分别是在 d 上预测零风速和零浓度的理论高度。由于 Φ 的高度依赖性，这些函数只有在中性条件下才是严格的线性关系，其中 $\Phi=1$。但是，在参考高度和平均测量高度相似的情况下，线性分析提供了一个很好的梯度近似值。

根据 Dyer（1970）针对稳定和不稳定条件导出的半经验矫正因子，可以计算出梯度稳定性矫正因子 DM、QH 和 QG（痕量气体）。

在稳定条件下

$$\Phi_M = \Phi_H = \Phi_g = 1 + 5.2(z-d)/L (L>0) \qquad (2-6)$$

式中，$(z-d)/L = Ri/(1-5.2Ri)$。

在不稳定条件下

$$\Phi_M^2 = \Phi_H = \Phi_g = [1-16(z-d)/L]^{-0.5} (L<0) \qquad (2-7)$$

式中，$(z-d)/L \approx Ri$。大气稳定性是使用 Monin-Obukhov 长度 L 和梯度理查森数 Ri 来量化的。L 不能仅从梯度数据直接找到，而是从 Ri 导出。在高度（$z-d$）定义的 Ri 通常见式（2-8）。

$$Ri(z-d) = gT^{-1}(\partial T/\partial z)(\partial u/\partial z)^{-2} \qquad (2-8)$$

式中，g 是重力加速度，T 是绝对温度。某种情况下，潜在温度可以替代绝对温度，因为即使在低于 2 米的近地环境测量，两者的差异也微乎其微。式（2-8）可以简单地应用于两个高度的测量，但对于多个高度，重新排列后使用对数线性梯度是很方便的，就像在式（2-4）和式（2-5）中一样，分别由 $\partial u/\partial \ln(z-d)$ 和 $\partial T/\partial \ln(z-d)$ 给出。

$$Ri(z-d)=(z-d)gT^{-1}[\partial T/\partial\ln(z-d)][\partial u/\partial\ln(z-d)]^{-2}$$
$$(2-9)$$

式（2-9）并未发表过，但是，就像式（2-4）和式（2-5）一样，利用风温廓线的线性回归可以得到较好的近似，从而简化分析。

而上述稳定性分析如式（2-4）和式（2-5）提供了对梯度的良好近似，它没有完全线性化剖面，因此在非中性条件下不能直接使用线性回归来计算 z_o 和 z_g。因此，经常使用另一种方法，将 Φ 包括在积分中。因为轮廓是完全线性化的，所以也可以通过检查轮廓的线性进行稳定性矫正。

$$u(z-d)=(u^*/k)\{\ln[(z-d)/z_o]-\Psi_M[(z-d)/L]\}$$
$$(2-10)$$

$$\chi(z-d)=(\chi^*/k)\{\ln[(z-d)/z_g]-\Psi_H[(z-d)/L]\}$$
$$(2-11)$$

式中，Ψ 是积分稳定矫正函数，它是 $(z-d)/L$ 的函数。在 Sutton 等人之后，这些方程可以线性形式写成。计算公式为

$$\Psi_M=\Psi_H=\Psi_g=-5.2(z-d)/L \qquad (2-12)$$

稳定条件下

$$\Psi_M=2\ln[(1+x)/2]+\ln[(1+x^2)/2]-2\tan^{-1}(x)+\pi/2$$
$$(2-13)$$

$$\Psi_H=\Psi_g=2\ln[(1+x^2)/2] \qquad (2-14)$$

不稳定条件下，$x=[1-16(z-d)/L]^{0.25}$，x 是 $\tan^{-1}$ 的弧度。

在研究中，测量的 u 和 T 相对于 $\ln(z-d)$ 的线性回归被用于通过式（2-9）计算 Ri，然后用于计算 L，从中找到每个测量高度的 Ψ_M 和 Ψ_H。然后使用 u 对 $\ln(z-d)-\Psi_M$ 和 χ 对 $\ln(z-d)-\Psi_H$ 的线性回归通过式（2-10）和式（2-11）导出 u^* 和 x^*。由此可以用式（2-1）求出通量。

2. 质量平衡法

质量平衡法是微气象法中最成熟和最常用的方法，测试区所需

的面积相对较小，检测灵敏度相对其他微气象学法更高，适合在不能使用传统微气象学法的情况下进行通量测量，例如小地块、高点源和异质地表源。质量平衡法的缺点是可能会因确定通量所需的大量气体分析而产生较大误差，风速较低和存在可变风向时变得不可靠。此外，质量平衡法需要同时测量至少 5 个高度层面的风速和大气中氨浓度，大大增加了工作量、测定时间和测定成本。

质量平衡法是 Denmead 等（1977）用于测量半无限处理带氨气排放方法的扩展，用于通过测量气体在逆风和顺风边界的水平通量差异来计算小区域排放的气体。气体浓度乘以适当的矢量风，在每个边界的不同高度产生水平通量。这些在顺风和逆风边界上集成的通量之间的差异代表了产出。由于气体从地面释放到大气中时被风水平对流，同时横向和垂直扩散，需从足迹分析或数值模拟中推导粗略经验法则。

大气中某一点的水平对流通量密度由水平风速和气体密度的乘积给出。如果气体在定义的空间内释放，则可以从空间上风和下风边界的总气体通量之间的差异来计算来源的通量。更确切地说，如果气体在 X 侧的正方形场范围内释放，如图 2 - 1 所示，则给出其平均发射速率

$$\overline{F} = \int\!\!\!\int_0^x [\overline{U_x(\rho_{g4,z} - \rho_{g2,x})} + \overline{V_x(\rho_{g3,x} - \rho_{g1,z})}] \mathrm{d}x \mathrm{d}z \quad (2-15)$$

式中，高度用 z 表示，水平距离用 x 表示，边界数用 n 表示（1～4，边界 1 和 2 逆风、3 和 4 顺风），风的方向分别由 U 和 V 分量表示，$\rho_{g4,z}$ 表示边界 4 上 z 高度的平均时间。此外，时间平均值用误差线表示。

3. 基于涡度相关的开路式氨挥发仪法（涡度相关法）

涡度相关法主要通过直接测量气体的垂直运动来估算气体挥发。与梯度扩散法不同，涡度相关法不受大气稳定度的影响，没有理论假设，测定结果更接近实际。但涡度相关法需要快速测定气象因子、气体浓度的监测仪器，并受热通量、水汽等因素的影响。

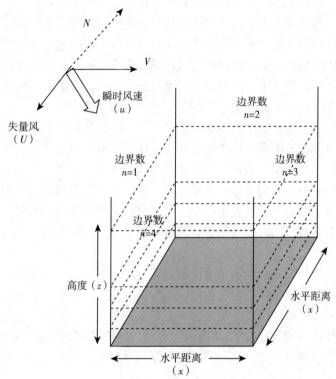

图 2-1 实验图和气体采样阵列的示意图

(引自 Denmead et al.，1998)

NH_3 等化学性质活泼的气体容易吸附在测量仪器的内壁上，从而影响测定结果的准确性。目前，涡度相关法主要用于 CO_2 监测，部分报道用于 CH_4、N_2O 监测，在农田 NH_3 挥发监测中应用较少。

在过去，由于缺乏快速响应（$\geqslant$10 赫兹）和高灵敏度的 NH_3 分析仪，尤其是那些不需要电源进行现场部署的分析仪，涡度相关法的应用受到严重限制（Sun et al.，2015）。最近，一种便携式太阳能开路 NH_3 分析仪（HT8700，中国宁波健康虹吸有限公司）已经上市。这是第一台专门为测量 NH_3 而设计的商用开路式氨挥发分析仪。根据实验室和现场测试，该仪器被证明是可在广泛的环

境条件下测量 NH_3 通量的有效工具（Wang et al.，2021）。

氨通量计算为 30 分钟时间间隔内垂直风速和 NH_3 密度的协方差。数据处理程序遵循 Wang 等（2021）描述的方法，包括原始数据的去尖峰、风分量的双旋转、垂直风速和 NH_3 浓度之间的滞后时间校正以及去趋势。在研究中，时间常数为 150 秒的自回归运行均值滤波器被应用于 NH_3 时间序列，以去除 NH_3 信号中的低频趋势。根据 Moncrieff 等提出的分析方法，对原始半小时通量进行了低频和高频光谱衰减校正。McDermitt 等（2011）对环境水汽、温度和压力变化引起的光谱效应进行校正，显热通量、水蒸气密度和通量由涡度协方差（EC）系统测量导出。同时，由于 HT8700 是垂直安装的，热源位于上部，通风良好，表面加热效应可以忽略不计（Burba et al.，2008）。

激光吸收光谱技术目前广泛用于各种痕量气体检测，其中开放光程可调谐二极管激光吸收光谱（Tunable diode laser absorption spectro-scopy，TDLAS）技术不需要采样即可无干扰快速获取田间空气中氨浓度数据，可以实现激光发射器与反射镜之间数十至数百米的高时间分辨率（10 赫兹）的氨浓度原位快速监测，再结合反向拉格朗日随机扩散模型（Backward lagrangian stochastic model，BLS）可准确估算氨挥发通量，为精准研究农田氨挥发日内变化规律、总氨挥发损失及气象因素对氨挥发的影响提供了可靠的技术支撑。

应用于农田痕量氨气光谱检测的技术主要包括傅里叶变换红外光谱技术、差分光学吸收光谱技术、可调谐激光吸收光谱技术等。傅里叶变换红外光谱技术使用宽带光谱，可同时高灵敏检测多种气体，但设备体积庞大，不便携带，难以在农田环境中使用（Ungermann et al.，2015）。差分光学吸收光谱技术通过修订 Beer-lambert 定律消除实际测定环境下瑞利散射、米氏散射及其他气体对测定的影响来定量氨浓度。使用宽波段光源还可同步测量多种气体，但光谱分辨率较低，且测定时易受水汽和气溶胶的影响。可调谐激光吸收光谱技术具有窄线宽、波长扫描快、室温环境工作等优势，并且不需要复杂的采样操作，即可实现高分辨率的原位快速监测，是目前大气氨浓度测定领域的新技术，适合在大面积农田环境中应用（图2-2）。

微气象反向拉格朗日随机扩散模型（BLS）是近十几年发展起来的气体排放监测技术，也是目前气体排放测定技术领域的研究热点。BLS相对于其他微气象学法，在实际应用中只需要获取氨挥发源烟羽任一高度处的氨浓度、背景氨浓度和三维超声风速仪测定的气象数据，即可反演得到氨挥发通量。而且该模型适用于任意几何形状、规模的挥发源。在过去十多年，TDLAS技术与BLS结合建立的氨挥发测定方法（TDLAS-BLS法），已广泛应用于养殖场氨排放监测中。

图2-2　基于涡度相关的开路式氨挥发分析仪设备田间实物图

二、动态箱法

箱法在地表和大气痕量气体交换研究方面发挥着重要的作用，目前被广泛用于测定土壤和大气间痕量气体的交换通量。根据箱内气体的流动方式可以将箱法分为三种类型：第一种是静态箱法，静态箱是利用封闭容器覆盖土壤，然后通过测量箱内被测气体的浓度变化来计算通量。静态箱由于是密闭设置，会导致箱内环境发生变化，从而影响实际排放过程。目前该方法常用于惰性痕量气体通量的测量，并且观测时间不宜太长。第二种是密闭式动态箱法，该方法增加了气体在动态箱和仪器之间的循环过程，虽然密闭式动态箱法保证了箱内气体的流动，但是同样容易造成箱内温度升高，箱内气体背景浓度高于实际大气，只能用于短期通量测量。第三种是开放式动态箱法，该方法相比于前两种方法做了很大程度的改进，它是利用外界大气不断吹扫动态箱覆盖处土壤，然后通过测量箱内出气口的浓度来计算通量，保证了箱内外物质能量的循环。目前，动态箱法被广泛应用于气体通量的测量。动态箱法与微气象法相比，价格低廉、部署简单，对下垫面的要求较低，在 NO_x、O_3、NH_3 等气体的通量测量中得到了广泛的应用。

1. 密闭式间歇抽气-酸碱滴定/靛酚蓝比色法

密闭式间歇抽气法是目前比较常见的用于测定土壤氨挥发的主要方法（Denmead，2008）。此方法干扰因素少、氨回收准确度高、样品保存稳定且室内分析不需要精密仪器，适合大批量样品测定（图 2-3）。密闭式间歇抽气法的工作原理是利用密闭罩将测定区域与外界分隔开，抽气泵驱动气流，在 24 小时内以抽气—停止—抽气—停止的方式，用离地 2.5 米以上的空气置换密闭室内的氨，挥发出来的氨气随着抽气气流进入吸收液中，通过测定氨浓度进而估算土壤表面氨挥发量。氨吸收液的分析测定方法，又可以分为含有混合指示剂的 2% 硼酸吸收酸碱滴定法和 0.1 摩/升的稀硫酸吸收-靛酚蓝比色法，两者之间各有优缺点。硼酸吸收酸碱滴定法不需要精密的仪器，在田间能快速测定，但硼酸吸收液容易受空气中酸性颗粒的干扰，尤其是当空气中含有较多的酸性颗粒时，这种现象可能更明显，导致测定结果偏低。在田间高温环境下，长时间曝气过程也会导致混合指示剂灵敏度降低，且在氨挥发量较低时无法准确测定。0.1摩/升的稀硫酸能吸收反应空气中的氨气，形成稳定硫酸铵，靛酚蓝比色法可直接测定溶液中的铵浓度，且干扰因素少、灵敏度高、测定过程中不受主观意识影响（王朝辉等，2002）。

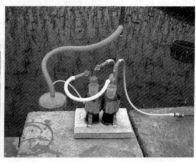

图2-3 密闭式间歇抽气法装置实物

采气装置所采用的材料有：有机玻璃制成的密闭室，密闭室为圆柱形（直径21厘米，高5厘米）；PVC管制成的通气管（长300厘米），平衡采气罩与外部大气压；铁质底座（内径20厘米，外径22厘米），用于密封罩体；白色乳胶管、硅胶管，用于连接装置；250毫升容量洗气瓶和1 300瓦真空泵。

采用玻璃转子流量计测定真空泵流量，控制在10～15转/分钟于施肥后第1天开始，每天8：00—10：00和15：00—17：00共测定4小时。测定时，将底座扣入土壤5厘米深度，将罩体扣在底座上同时用水密封，密闭罩上有两个接口，一端用乳胶管和PVC管进行连接，用于平衡罩内外气压，另一端用硅胶管和洗气瓶相连，并在洗气瓶内注入60毫升吸收液，最后打开真空泵开始抽气。

氨挥发通量的计算公式为：

$$F=\frac{M}{A\times D}\times 10^{-2} \qquad (2-16)$$

式中，F为氨挥发通量［千克/（公顷·天）］；M为装置所测得的氨挥发量（毫克）；A为采样装置的横截面积（米^2）；D为每次连续采样的时间（天）。

(1) 酸碱滴定法 密闭式间歇抽气-酸碱滴定法，利用真空泵减压抽气，使密闭罩内土壤挥发出的氨，随气流通过装有吸收液的洗气瓶并被洗气瓶中的吸收液吸收，再对吸收液进行测定，计算吸收液所吸收的 NH_3 量。吸收液为 2% 的含指示剂硼酸溶液，吸收后采用 0.01 摩尔/升的标准 H_2SO_4 滴定，根据滴定量计算氨挥发量。

(2) 靛酚蓝比色法 参考 GB/T 18204.2—2014 测定吸收液中吸收的氨含量（吴富钧，2020）。原理是空气中的氨气被稀硫酸吸收，在亚硝基铁氰化钠及次氯酸钠存在的条件下反应生成蓝绿色，根据颜色深浅判定氨含量。

①试剂配制。氨标准工作液 $[\rho(NH_3)=1.00$ 毫克/升$]$：精准称量经过 105℃ 干燥 2 小时的氯化铵（NH_4Cl）0.314 2 克，定容至 100 毫升容量瓶，再从容量瓶中取 1 毫升定容至 1 000 毫升容量瓶。水杨酸溶液 $[C_6H_4(OH)COOH]$50 克/升；亚硝基铁氰化钠溶液 $[Na_2Fe(CN)_5 \cdot NO \cdot H_2O]$10 克/升；次氯酸钠溶液（NaClO）0.05 摩/升；无氨蒸馏水；氨吸收液。

②标准曲线制作。取 50 毫升具塞比色管 7 只，分别加入 0.0 毫升、0.5 毫升、1.0 毫升、3.0 毫升、5.0 毫升、7.0 毫升、10.0 毫升氨标准工作液，再按顺序加入 10.0 毫升、9.5 毫升、9.0 毫升、7.0 毫升、5.0 毫升、3.0 毫升、0.0 毫升氨吸收液，氨含量分别为 0.0 微克、0.5 微克、1.0 微克、3.0 微克、5.0 微克、7.0 微克、10.0 微克。再在各个比色管中依次加入 0.5 毫升水杨酸溶液、0.1 毫升亚硝基铁氰化钠溶液和 0.1 毫升次氯酸钠溶液，混匀后在室温下放置 1 小时（时间超过会导致显色过度，时间未达到容易造成显色不完全）。显色完成后在分光光度计中于波长 697.5 纳米处开始比色。比色时间不能太长，以免颜色发生变化。比色完成后以吸光度为纵坐标、氨含量为横坐标绘制标准曲线，计算校准曲线的斜率且 1 微克氨应为（0.081±0.003）吸光度。

③样品测定。将采集的氨吸收液取 10 毫升移入比色管中，按

照标准曲线制作流程依次加入 3 种试剂放置 1 小时后，在 697.5 纳米波长处比色。每批次样品检测都需要设定未吸收氨气的吸收液做空白对比。当样品显色超出标准曲线范围，应当稀释样品浓度再测定。

④结果计算。

$$\rho = \frac{(A - A_0) \times B_S}{V_0} \times K \qquad (2-17)$$

式中，ρ 为空气中氨的质量浓度（毫克/米^3）；A 为样品的吸光度；A_0 为空白溶液吸光度；B_S 为计算因子（斜率的倒数）；V_0 为采气体积；K 为样品稀释倍数。

2. 风洞法

20 世纪 80 年代有人在研究稻田土壤氨挥发损失时首次提出风洞法（Bouwmeester et al.，1981）。该方法采用田间实际风速的平均值作为流过风洞的风速，能够较准确地估计氨挥发。风洞法占用实验地面积较小，可以调节风洞内风速并与外界保持一致，风洞内外温湿度、光照等因子也比较一致，这大大改善了实验区的微气象条件。因此，风洞法在很大程度上保证了室内与室外气体特性的相似性。此外，风洞内气体浓度分布的均匀程度直接影响采样的准确性，是一个关键因素。

风洞法箱内微气象条件、土壤条件与生物状况基本类似于外界条件，测量结果较有代表性，比较适合小尺度范围的多处理、多重复测量，尤其适用于多因子对比实验，在欧洲已经得到了广泛的应用。

较其他箱法而言，风洞法具有较好的代表性，测定结果较接近真实值，但是风洞法也有不足之处（黄彬香等，2006）。比如，风洞法不能模拟静风条件和降水条件，当风速低于 0.3 米/秒时，误差较大；风洞内晚上易出现水分凝结而吸收氨导致误差；虽然风洞内外风速能够保持高度一致，但是由于风洞边界的影响，会高估氨挥发速率；风洞的大小对测定结果也有一定的影响，小风洞由于风速梯度较大，因此测量结果比大风洞大；风速分布不均匀及浓度分布不均匀也会带来一定的误差；此外风洞法设备较为昂贵。

（1）**采样箱结构**　采样箱是风洞系统的主体结构即田间测定装置，也就是通常所说的风洞，其覆盖面积4.5米×0.7米，高0.7米。田间测定装置一共3套，即可以设3个重复，每套装置又分为4部分（黄彬香等，2006），如图2-4所示。

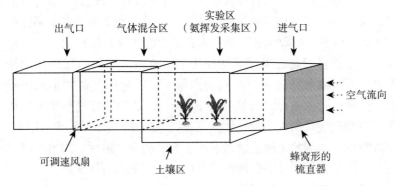

图2-4　德国风洞测定系统采样箱结构

第1部分是进气口。入口处叠放直径3厘米、长20厘米的PVC管（蜂窝形的梳直器），可将进入风洞的气流中的大涡旋分割为小涡旋，降低了实验区气流的紊流度；同时将气流引直，可以大大改善气流的扭转现象，使进入实验区的气流流动方向与风洞的轴线方向保持平行，保证了风洞的进气口处气流平稳，分布均匀，紊流度小。

第2部分是实验区。覆盖面积为1.5米×0.7米，实验区由透明有机玻璃制成，并带有可开启的盖子，中间可加一块有机玻璃分隔成两个小实验区。底部为土壤区，防止实验区的漏气和灌水时水的侧漏。实验区长度为1.5米，充分保证了稳定边界层的形成及在一定程度上避免了外界气流的影响。

第3部分是气体混合区。覆盖面积为1.0米×0.7米，流经实验区的气流经过该箱后会被充分混匀后收集。在该箱靠近出气口的左右两侧各有4个采样孔，分别在不同高度，使采气更具代表性，在一定程度上减小由于浓度分布不均匀造成的误差。每侧的 4 个采样孔对应各自的实验区，分别通过三通汇合到一条直径为 2 毫米的 Teflon 管，通向室内进行收集，得到出气口的 2 个样品。

第 4 部分是出气口。出气口装有可调速风扇，用于调节风洞内的风速，使内外风速相一致。

(2) 采样系统　气体样品收集装置按气体流程大致可分为 3 部分，第 1 部分是气体流向控制阀，第 2 部分是收集氨的装有稀硫酸（0.025 摩/升）的收集瓶，第 3 部分是为收集气体提供动力的采样泵。其工作原理是在采样泵的作用下，流经采样箱的气体样品经 Teflon 管并在气体流向控制阀的作用下被特定的气体收集瓶所吸收，然后经过流量计（可调节流量大小），最后通过气泵排出。从进气口和出气口所收集的气体样品被收集瓶中 0.025 摩/升 H_2SO_4 溶液吸收，收集的硫酸溶液通过比色方法测定。最后，用出气口与进气口的差值作为某一时间段、单位土壤面积的氨挥发量。

(3) 控制系统　控制系统是整个农田土壤氨挥发通量自动测定系统的中枢系统，安装在室内。它主要包括两部分：①通过超声风速仪获取风洞外自然环境风速，并与风洞内部的风速进行比较，且根据比较的结果向可调速风扇控制系统发送控制信号，保证风洞内风速与外界一致。也可设为恒定风速。②获取气温、相对湿度、地温等微气象资料，以解释氨挥发的气象影响因子。另外，它还通过控制样品自动采样的时间间隔或者人工进行采样。

3. 德尔格氨管法

德尔格氨管法（Dräger-tube method，DTM）是动态箱法的一种特殊方法，可以对吸收的氨直接进行测定，方便携带，可针对不同施氮处理小区进行监测。德尔格氨管是迅速测定空气中氨气浓度的工具（图 2-5）。它是在细玻璃管中充填一定量的显色剂并用材料固定，再将两端加热熔融封闭。显色剂一般以硅胶、活性氧化铝、玻璃颗粒等作载体。该工具的优点是操作简单、测定迅速，缺点是精度较低。在欧洲常用德尔格氨管进行一些区域空气污染状况的监测，但在田间应用中会低估氨挥发的实际损失量（Roelcke et al.，2002）。

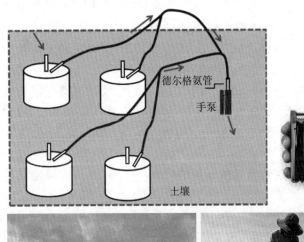

德尔格氨管

手泵

土壤

图 2-5 德尔格氨管法氨挥发测定装置和实物图

（1）德尔格氨管法氨挥发的原位测定 采用 DTM 测定氨挥发，属密闭式动态箱法原位测定。具体测定方法参考李欠欠（2014）。用 4 个密闭罐（各罐子覆盖面积为 100 厘米^2，体积 370 厘米^3）捕获气体，各罐子上的 2 个管道（直径 0.5 厘米）用于气体的输入输出，在出气口用特氟龙管连接 4 个罐子。用手泵抽气时（每次泵入体积 100 厘米^3），气体经过一个德尔格氨管，抽气结束后（抽气次数一般 5～10 次），记录德尔格氨管上的读数和手泵抽气的次数、时间，并参考测定时期的平均大气压和温度，用于计算氨挥发浓度。德尔格氨管中填充固态酸性混合物以及遇碱变蓝

31

的 pH 指示剂（溴苯酚），德尔格氨气检测范围 0.05～700 微升/升。每次测定约 3 分钟，由于测定时间短，密闭罐内的温度、辐射、水分等因素的变化很小。氨挥发监测频率：依据当时氨挥发的速率进行监测次数的调整。低浓度的氨挥发下，每天采样 1 次（10：00）；随着挥发强度的增加，增加到每天 2～3 次的采样频率（6：00、10：00、18：00）。若遇到降雨等特殊天气，可以在时间上进行一定调整，一般施肥后 14 天内进行连续采样（氨挥发损失一般持续 7～14 天），直至仪器测不出明显的氨挥发损失。DTM 最低监测线为 0.06 毫克/（米²·小时），相当于 0.6 克/（公顷·小时）。

（2）德尔格氨管法氨排放通量的计算 DTM 氨挥发原位测定计算方法如下：

$$F_{Ng}=V\times|\ conc.\ |\times 10^{-6}\times p_{NH_3}\times U_N\times U_F\times U_Z \quad (2-18)$$

式中，F_{Ng} 为氨排放通量［毫克/（米²·小时）］；V 为抽气的体积（升）；$|\ conc.\ |$ 为氨浓度（微升/升）；p_{NH_3} 为测定时温度气压下 NH_3 密度（毫克/升）；U_N 为 NH_3 换算为 N 的分子量换算因子；U_F 为表面积换算因子（米²）；U_Z 为时间换算因子（小时）。

经过微气象法校正的 DTM 氨挥发通量的计算方法为：

冬季：$\ln(flux_{IHF})=0.444\times\ln(flux_{DTM})+0.590\times\ln(V_{2米})$

$$(2-19)$$

夏季：$\ln(flux_{IHF})=0.456\times\ln(flux_{DTM})+0.745\times\ln(V_{2米})-0.280\times\ln(V_{0.2米}) \quad (2-20)$$

式中，$flux_{IHF}$ 为由 IHF 微气象学法测定的氨挥发通量［千克/（公顷·小时）］，$V_{2米}$ 与 $V_{0.2米}$ 分别表示距地面 2 米与 0.2 米的风速（米/秒）。$flux_{DTM}$ 代表 DTM 测定的氨挥发通量［千克/（公顷·小时）］。

通过 DTM 进行氨挥发原位测定，结合气象数据（以风速为主），校正为微气象学法（IHF）下的氨挥发通量。由于该监测方法已和 IHF 微气象学法进行校验，所得结果较一致；而且，具有操作简便的特点，无须进行实验室分析。因此，该方法在进行多个

处理的田间氨挥发测定中具有明显优势。有关 DTM 的校正方程及依据的详细介绍可参考相关文献（Pacholski et al.，2008）。

三、静态箱法

1. 密闭箱氨捕获-靛酚蓝比色法

密闭箱氨捕获法是将密闭装置插入土壤之中（密闭室内可以是裸地也可以有植物），形成一个相对密闭环境，用酸溶液（如硼酸）吸附从土壤中排放的氨气（图 2-6A），然后带回实验室采用靛酚蓝比色法测定吸附液中铵态氮浓度。该装置结构简单，能够直接捕获土壤排放的挥发氨，具有设备简单、操作方便、机动性好、灵敏度高等优点。但密闭条件下氨挥发过程不同于自然通风条件下，并且植物蒸腾的水汽在生长室内壁被吸附，氨在被置换出生长室前可能被这些水汽吸收，往往导致氨挥发结果偏低。

目前，由于准确度相对较低，密闭箱氨捕获法在田间试验中应用较少。基于密闭法的基本原理，通过优化装置，该方法多被用于室内模拟试验，比如在一定控制条件下的不同试验处理氨挥发速率和累积量动态变化的研究，具有易操作和低成本的优势，尤其适用于处理较多的培养试验。模拟试验装置如图 2-6B 所示，一般操作流程为：称量一定重量土壤转移到可密封的广口瓶中，加入蒸馏水使土壤保持在适宜的含水量条件下，在预设温度下孵化 3 天，以激活土壤微生物并确保水分扩散均匀。然后，根据试验目的设置不同

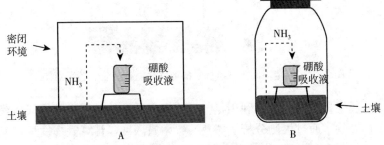

图 2-6 测定田间土壤氨挥发的密闭箱氨捕获法装置示意图

施肥处理，迅速将一个装有一定体积氨吸收液（比如硼酸或硫酸）的玻璃烧杯放入广口瓶中以吸收 NH₃，封好广口瓶盖，形成一个密闭环境。在培养的不同时间取出吸附 NH₃ 的玻璃烧杯，并更换新的吸收液烧杯，用靛酚蓝比色法测定吸附液中铵态氮浓度。该方法虽然很难准确定量实际环境下的氨挥发情况，但可用于不同试验处理的比较或者不同种类肥料的筛选研究。

2. 通气式氨捕获-靛酚蓝比色法

通气式氨捕获法是在密闭方式的基础上改进而来，克服了传统的密闭箱氨捕获法测定过程中不透气的缺点（图 2-7）。与其他方法相比，该方法操作简单，测定装置易制备、成本低，且测定条件易于控制。大量的田间小区试验采用此方法进行氨挥发分析，测定结果准确，回收率高。当配备防雨装置时，可在阴雨天气下进行田间测定。然而，虽然通气式氨捕获法是在透气状况下采集空气中的氨，但现场风速对氨挥发的影响无法考虑，与实际氨排放量之间亦存在一定的误差。

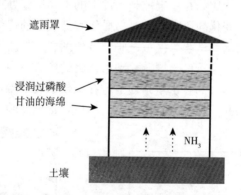

图 2-7　测定田间土壤氨挥发的通气式氨捕获法装置示意图

通气式氨捕获法是利用氨气自然向上运动的过程中被氨气捕获装置吸收，通过检测分析氨捕获装置中氨浓度，计算氨挥发量（王远等，2021）。采样装置由聚氯乙烯硬质塑料管制成两端开放、内径 15 厘米且高 30 厘米、塑料管顶部装有不影响通气的遮雨设备，可在降雨时实现正常监测。采样时每个小区放置 5 个采样装置，将两块厚度均为 2 厘米、直径 15.5 厘米的海绵均匀浸润 15 毫升磷酸甘油溶液（50 毫升磷酸加 40 毫升丙三醇，定容至 1 升），并置于硬质塑料管中。下层的海绵距田面水或土壤表面 10 厘米以上，用于吸收土壤或田面水挥发的氨；上层的海绵与塑料管顶部齐平，用于阻止空气中的氨被下层海绵吸收。更换海绵时，将下层的海绵取出迅速装入自封袋中密封，同时换上另一块刚浸润过磷酸甘油的海绵。海绵样品用 1 摩/升的 KCl 溶液 300 毫升振荡浸提 1 小时，浸提液采用靛酚蓝比色法测定铵态氮含量。

施肥后前 6 天每天更换一次下层海绵，之后每 3 天更换一次下层海绵，上层海绵每 3 天更换一次。直至施氮处理与空白处理的日氨挥发量无显著差异时停止监测。以监测期内的氨挥发总量作为作物全生育期的土壤氨挥发量。

日氨挥发量计算公式为：

$$F = \frac{M}{A \times D} \times 10^{-2} \qquad (2-21)$$

式中，F 为氨挥发通量 [千克/（公顷·天）]；M 为单个装置采集到的铵态氮量（毫克）；A 为采样装置覆盖土壤的面积（米^2）；D 为该样品连续捕获的时间（天）。

四、不同测定方法比较

目前，为了准确评价 NH_3 挥发对环境和人类的影响，NH_3 挥发通量在田间的定量分析趋势已成必然，因此介绍了不同的测量方法。然而，影响 NH_3 挥发的因素很多，对农田 NH_3 挥发的测量受到测量地点、微气象条件、土壤条件、农田管理措施和方法本身等的制约，这些因素增加了 NH_3 挥发测定的复杂性和不确定性。因此，用不同的测量方法测量 NH_3 挥发通量的结果在一定程度上是不同的（表 2-1）。

表 2-1 农田 NH_3 挥发监测方法优缺点比较

测定方法	优　点	缺　点
梯度扩散法	在不扰动自然条件的前提下，对农田 NH_3 进行原位观测	仪器昂贵，高精密度仪器不适于田间多处理小区试验，日常维护困难
质量平衡法	测试区所需的面积相对较小，检测灵敏度相对其他微气象法更高	要求精确测定气体在上风向和下风方向的浓度廓线，仪器较多，工作量较大
涡度相关法	理论最为完善和可靠，精度较高，且不要求有涡度扩散系数和大气稳定性校正或假定风速的垂直廓线形状，被认为是当前最好的微气象学法	要求用快速响应的气体检测器，测量频率要求达到 5～10 赫兹，目前还没有可靠的应用于涡度相关法的高频率测定设备；目前多用于 CO_2 监测，在农田 NH_3 挥发监测中应用较少
开路式氨挥发分析仪法	实现了在线监测大面积农田氨挥发日内变化规律，高时间分辨率数据可更准确地评估气象因素对氨挥发的影响	价格昂贵，高精密度仪器维护较为麻烦，需要较大面积且操作均一的农田
间歇式抽气法	箱内微气象条件接近自然条件，测量结果误差较小	灵敏度较低，气体交换速率控制不当会产生较大误差
风洞法	占用面积较小，可调节风速，测量结果较有代表性，较接近真值，适合小尺度多处理、多重复测量	模拟静风和降水条件监测结果较差，设备较为昂贵
德尔格氨管法（DTM）	动态箱法的一种特殊方法，可以对吸收的氨直接进行测定，无须实验室分析，操作简单，方便携带，可快速、直观对比不同小区的氨挥发浓度，通过气象数据校正后可计算单位面积农田的氨挥发通量	对于低排放通量的农田氨挥发测定灵敏度较低，最低检测限为 0.6 克/（公顷·小时）
密闭箱氨捕获法	装置简单、易于密闭、移动性好，适于小尺度测量	改变了被测地自然环境状态，箱内的湍流状态以及温度、湿度、光照、降水等微气象条件均发生变化，低估氨挥发通量
通气式氨捕获法	改善了密闭箱捕获装置内的通气条件，操作简单易行，适于多因素、多水平田间小区试验	箱内土壤、微气象条件与自然条件差异较大，影响监测结果

农田氨排放机理及影响因素 ////

一、农田氨排放机理

　　土壤氮转化是土壤-植物-大气生态系统氮循环的重要一环。不同形态的氮肥施入土壤后，氮素主要以铵态氮、硝态氮或酰胺态氮形式存在于土壤溶液中，并在生物和非生物作用下发生如下转化（图3-1）：①有机氮的矿化及人为施用尿素的水解；②铵态氮的硝化作用以及硝态氮的还原作用；③氨挥发；④土壤对铵态氮的吸附固定；⑤反硝化作用；⑥硝态氮淋洗损失；⑦植物或微生物的吸收利用。其中，氨挥发是农田土壤系统中氮肥气态损失的主要途径之一，不仅显著降低了氮肥利用率，还会对水、大气和土壤环境造

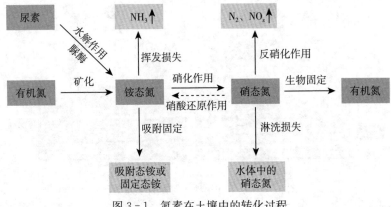

图 3-1　氮素在土壤中的转化过程

成严重污染。

农田土壤氨的排放主要来自土壤铵态氮通过一定化学反应直接产生，直接参与氨挥发的化学平衡式为：

NH_4^+（代换性、固相）$\leftrightarrow NH_4^+$（液相）$\leftrightarrow NH_3$（液相）$\leftrightarrow NH_3$（气相）

此过程是可逆的，当各种条件有利于该反应向右进行时，就会产生氨挥发。比如，当土壤固相和液相 NH_4^+ 含量增加，就会促使该反应向右进行，促使更多的 NH_3 进入气相，从而产生氨挥发。此外，这个过程受土壤 pH 影响较大，当土壤 pH 较低时，土壤溶液 H^+ 浓度高，脱质子作用减弱；当土壤 pH 较高时，H^+ 浓度低，脱质子作用增强，容易造成氨挥发。因此，农田土壤氨气由土壤固相和液相中 NH_4^+ - N 脱质子产生，当这些氨气处在旱地或水田表面时就会进入气相而引起氨挥发。如图 3-2 所示，在农田生态系统中，水田和旱地氨挥发过程存在差异。对于水田土壤，田面水属于液相，田面水表面的空气属于气相，氨排放发生在田面水表面与大气环境交接处；对于旱地土壤，土壤溶液是液相，土壤表层空气是气相，氨排放发生在土壤表面（卢丽丽和吴根义，2019；许云翔等，2020）。综上所述，氮肥施用的土层越深，土壤对 NH_4^+ 的交换吸附和晶格固定量越多，NH_3 向地表的迁移阻力越大，氨挥发损失量会大幅度降低。

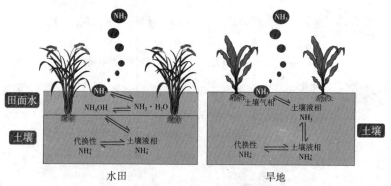

图 3-2　稻田和旱地土壤氨挥发示意图

由此可见，土壤固相及液相中铵态氮含量是决定农田氨挥发的首要条件，当土壤中铵态氮含量较高时农田氨挥发风险较大。土壤铵态氮的来源广泛，包括有机肥的分解、土壤吸附及固定的 NH_4^+ 的释放、铵态氮肥的溶解、尿素水解、硝态氮肥的还原产生等。相比有机肥的分解和土壤吸附态铵态氮的释放，铵态氮肥、硝态氮肥、尿素等速效氮肥的施用是提升农田土壤氮供应的直接手段和常规管理措施，不同形态氮肥的施用都有可能通过生物或非生物过程转化为铵态氮，进而导致氨挥发，其中尿素和铵态氮肥的施用是氨排放的主要原因。

不同形态速效氮肥施入土壤后，铵态氮的产生机制可归纳如下：①铵态氮肥的溶解：铵态氮肥施入土壤后，会在土壤水分的作用下直接解离生成 NH_4^+，一部分 NH_4^+ 被土壤吸附固定或植物根系吸收，一部分通过硝化作用转化为硝态氮，土壤溶液中剩余的 NH_4^+ 则会与 OH^- 反应产生氨气和水，产生氨挥发。②尿素的水解：尿素施入土壤后，会在土壤脲酶的催化作用下与土壤水发生反应，首先产生 NH_4^+ 和 CO_3^{2-}，然后 CO_3^{2-} 再与土壤水反应生成 OH^- 和 HCO_3^-，尿素的水解会释放 NH_4^+ 并提升土壤 pH，最后 NH_4^+ 和 OH^- 结合产生氨气和水，进而产生氨挥发。研究发现，脲酶会加速尿素的分解过程，氨挥发高峰一般出现在施肥后的 1～3 天，随后下降至较低水平，第 7 天基本不再产生氨挥发，20 天后土壤铵态氮基本转化为硝态氮（Rochette et al.，2009；邓美华等，2006）。③硝酸盐的异化还原：硝态氮肥施入后的氨挥发风险较小，但少部分硝态氮会通过还原过程转化为铵态氮，该还原过程是主要受土壤微生物控制的生物过程。硝态氮肥施入土壤后在土壤水的作用下解离生成 NO_3^-，在厌氧条件下，NO_3^- 首先在呼吸型硝酸盐还原酶（NAR）的作用下被还原为 NO_2^-，然后 NO_2^- 在亚硝酸盐还原酶（NIR）的作用下被异化还原成 NH_4^+，进而产生氨挥发。硝酸盐的异化还原过程受环境条件影响较大，一般认为在温度较高和氧化还原电位较低的碱性土壤中，该还原过程更容易发生，而高温和碱性土壤条件下，NH_4^+ 也更易与 OH^- 反应生成氨造成氮素气态损失（Lu et al.，2012；Zhang et al.，2015）。

目前来看，铵态氮肥和尿素的施用对农田氨排放的贡献远高于硝态氮肥。其中，尿素是目前所有氮肥种类中施用最多的肥料，且对我国种植业氮肥氨排放贡献最大，据估算占氮肥氨排放的60%～70%（Zhang et al.，2011）。随着我国精准农业的不断发展，氮素形态的供应也会逐渐多元化，铵态氮肥和尿素之外的其他氮肥品种对氨排放的贡献也不容忽视。因此，为了减少农田氨挥发，理解不同形态氮肥的氨排放规律，明确农田氨挥发的影响因素，并有针对性地提出减排增效的氮肥施用和管理措施对绿色农业发展意义重大。

二、农田氨排放的影响因素

农田氨排放受许多因素影响，主要包括土壤因素（土壤质地、含水量、pH、脲酶活性、阳离子交换量、有机质等）、农业措施（肥料类型、施肥量、施肥方式、灌溉等）、气候因素（降雨、温度、风速等）。

1. 土壤因素

（1）**土壤质地**　土壤质地是土壤重要的物理特性之一，很大程度上决定土壤的各种耕作性能、施肥反应，以及持水、通气等特性，进而改变土壤氮素转化及氨挥发。世界范围内大体上按质地将土壤划分为砂土、壤土、黏土三类，在我国砂土、壤土、黏土又是根据土壤中砂粒（1～0.05毫米）、粗粉粒（0.05～0.01毫米）、中粉粒（0.01～0.005毫米）、细粉粒（0.005～0.001毫米）、黏粒（<0.001毫米）的含量来区分的。例如，黏粒含量大于30%的土壤划分为黏土，砂粒含量大于60%的土壤划分为砂土（吴克宁和赵瑞，2019）。土壤质地和结构是影响土壤气体运动和交换的重要因素，相比黏质土壤，砂土中砂粒含量高，土壤孔隙大，持水能力较差，致使土壤空气扩散性与流动性更好，土壤孔隙中 NH_3 更

容易进入气相而导致氨挥发。另外，土壤黏粒带负电荷，对 NH_4^+ 具有吸附作用，能有效降低液相中的 NH_4^+ 浓度，使质地黏重土壤的氨挥发小于质地粗松的土壤。因此，相同施肥条件下，黏土通透性较弱且吸附性较好，能够阻碍氨挥发，从而降低土壤氨挥发量；而砂土阳离子交换量较低，对土壤 NH_4^+ 的吸附能力且土层阻隔氨气扩散的作用较弱，导致氨挥发风险更高（Francisco et al.，2011；龚巍巍等，2011）。Abalos 等（2014）通过 Meta 分析发现，脲酶抑制剂和硝化抑制剂在粗质土上的增产和氨减排效果优于细质土，这也可以从侧面证明土壤质地对氨挥发影响的重要性。总之，相同水肥管理条件下，不同质地土壤的氨排放风险可根据其黏粒和砂粒含量来判断，表现为土壤黏粒含量与氨挥发速率呈负相关，土壤砂粒含量与氨挥发速率呈正相关。

（2）土壤含水量 水分是土壤的重要组成部分之一，它对土壤的形成和发育以及土壤中物质和能量的运移都有较大的影响。其中，土壤含水量影响土壤固相、液相和气相之间物质和能量交换，进而影响土壤氮素转化和氨挥发。目前，土壤含水量与氨挥发的关系依然存在争议。Yan 等（2016）研究表明，农田土壤氨挥发量表现出随着土壤含水量的增加而逐渐降低的趋势，当土壤含水量从 30% 增加到 50% 时，不同施肥方式和培养温度下氨挥发损失平均降幅达 80%；当土壤含水量增加到 70% 时，降幅达 90%。刘秋丽（2020）同样认为，土壤氨挥发量与土壤含水量呈显著负相关。Perin 等（2020）研究了冬小麦尿素追肥（2—4 月低温期）的氨挥发情况，发现 3 个试验点的氨挥发损失占比为 0.3%～29.6%，其中最大的氨排放发生在施肥后的干旱期，并建议即使在低温条件下，也应避免在土壤含水量较低的情况下撒施尿素，应合理配合灌溉措施进行施肥。但罗伟等（2019）在日光温室条件下研究发现，土壤孔隙含水量与氨挥发通量呈极显著正相关关系。因此，土壤含水量与氨挥发之间的关系比较复杂，可能还与栽培条件、施肥方式、氮肥种类等因素有关，并且在不同土壤含水量范围内，两者的关系也会发生变化，呈现非线性响应特点。

农业生产中，土壤含水量达到某一水平时氨挥发量最大，过高或过低的土壤含水量均会降低氨排放（高鹏程和张一平，2001）。当土壤含水量过高时，会溶解较多的 NH_3，使土-气界面 NH_3 的浓度梯度减小，NH_3 扩散作用减弱，从而降低氨挥发；当土壤含水量过低时，尿素等氮肥的溶解和水解受阻，进而氨挥发受阻。另外，土壤含水量过低会通过降低土壤脲酶活性从而抑制尿素水解，进而减少氨排放。此外，土壤含水量对农田氨挥发的影响还受肥料种类影响。对于普通尿素而言，灌溉或降雨导致土壤养分随水分通过侧渗、径流和入渗等途径的运移量增加，从而使氨挥发途径损失的氮素减少；而对于缓控释肥，由于其外层的包膜溶胀需要长时间的水分作用，故在后期，高水处理的氨挥发较低水处理严重（张承先等，2008）。胡小凤等（2010）研究同样发现，无论施肥量高低，缓释复合肥在淹水处理比不淹水处理提前4天到达峰值，氨累积挥发量也比不淹水培养条件下更高。总之，不能简单评判土壤含水量与农田氨挥发的关系，实际生产中应结合土壤条件、肥料类型和栽培模式，采用合理的水肥管理措施，才能最大限度降低农田氨排放。

(3) 土壤 pH 土壤 pH 是调控土壤中 NH_4^+ 向 NH_3 转化的主导因子，是影响农田氨挥发的重要因素。一般认为，土壤氨挥发随土壤 pH 的升高而增加，碱性土壤的氨挥发显著高于中性和酸性土壤（谢梓豪等，2020）。对于水田作物，淹水期地表水 pH 的升高也同样会增加氨挥发风险，这是因为高 pH 条件下 OH^- 浓度也较高，更容易促进 NH_4^+ 和 OH^- 反应产生氨气，造成氨排放。邹长明等（2005）研究发现，土壤 $CaCO_3$ 含量升高也会促进农田氨排放，因为 $CaCO_3$ 可以使土壤 pH 升高，还能直接与土壤中的铵态氮肥发生反应，形成大量的 $(NH_4)_2CO_3$，进而分解产生氨。因此，石灰性土壤的氨挥发比非石灰性土壤更严重。可见，高 pH 和高 $CaCO_3$ 含量均是诱导氨挥发的主要因素，我国大气氨浓度较高的地区也集中分布在以石灰性土壤为主的华北平原和西北地区（Xu et al.，2015；刘学军等，2021）。

农业生产中，改变土壤 pH 的管理措施都会直接影响农田氨挥发。Feng 等（2021）研究发现，石膏可以降低盐碱土的 pH，进而降低氨挥发，而生物炭则无此影响。Amin（2020）研究发现，具有更高 pH（9.97）的高温（650℃）制备生物炭显著增加了碱性土氨挥发量，而具有较低 pH（7.15）的低温（250℃）制备生物炭则表现出显著降低效应。此外，秸秆还田是常规的农田管理措施，长期秸秆还田的土壤 pH 表现出由偏酸性或偏碱性向中性转化的效应。因此，在酸性土壤中，秸秆还田会增加土壤 pH，进而增加氨排放；而在中性和碱性土壤中，秸秆还田表现出降低土壤 pH 的作用，可以抑制农田氨挥发（赵政鑫等，2021）。综上所述，碱性土壤中氨挥发风险较高，应优先选择酸性或生理酸性肥料，或者通过酸性改良剂适当降低土壤 pH，可有效降低农田氨挥发，以减轻施肥对环境造成的破坏。

（4）土壤脲酶活性 脲酶，又称尿素酰胺水解酶，是一种催化尿素水解成氨和二氧化碳的酶，具有高度专一性。1926 年，Sumner（1926）从洋刀豆中成功分离纯化出脲酶的结晶，这也是世界上首次得到的结晶酶。动植物残体分解释放和土壤微生物及植物根系的分泌物是农田土壤脲酶的主要来源。农田土壤中脲酶在农业生产中具有十分重要的作用，因为作为农田中施用最多的尿素必须在脲酶的催化作用下才能水解成作物可利用的 $NH_4^+ - N$（图 3-3）。然而，脲酶对尿素的水解非常迅速，尿素在脲酶催化水解下的氨排放速率是无催化反应速率的 10^{14} 倍。因此，土壤脲酶对施入土壤的大量尿素的快速分解，使得短期内土壤中产生大量铵态氮，这部分铵态氮就存在较大的氨挥发风险，并且脲酶活性越高，尿素水解越剧烈，产生的氨排放也越多。脲酶活性受多种因素影响，如土壤温度、有机质、pH、CEC 等。

农业生产中，人们往往在尿素施用期控制脲酶活性而最终达到经济效益和环境效益的双赢，其中最快速、高效的措施就是添加脲酶抑制剂。脲酶抑制剂是指能够抑制土壤中脲酶活性，延缓尿素水解的一类化学制剂。近年来，通过一定的生产工艺，在尿素生产过程中添加脲酶抑制剂而制成的稳定性氮肥成为我国主要的新型肥料之一，具有良好的氨减排和增产效应。研究发现，含脲酶抑制剂尿素的应用在我国农业生产中具有 48.1%～70.4% 的减排潜力，是值得推广的氨减排技术，特别是对于农机不配套的区域，即使表施尿素也可在很大程度上降低氨排放（刘学军等，2021）。

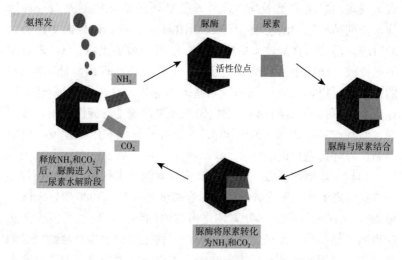

图 3-3　脲酶水解尿素示意图

（5）土壤阳离子交换量　土壤阳离子交换量（CEC）是指土壤所能吸附和交换的阳离子容量，用每千克土壤吸附的一价离子的厘摩数表示。土壤阳离子交换量是土壤重要的化学性质，它直接反映了土壤的保肥、供肥性能和缓冲能力（黄昌勇和徐建明，2010）。一般认为，土壤阳离子交换量与氨挥发呈显著负相关关系，阳离子交换量高的土壤可以吸附更多的 NH_4^+，降低土壤溶液中可溶性 NH_4^+ 含量，进而降低土壤氨挥发量。一项水稻盆栽试验结果表明，阳离子交换量较低的粉砂质壤土中，氨挥发占施氮量的 35%；而阳离子交换量更高的黏性土壤中，氨挥发只占施氮量的 10%。此外，刘阳阳（2020）基于连续 6 年设施温室水氮调控的田间定位试验发现，不论基肥期还是追肥期，氨挥发均与土壤阳离子交换量呈显著负相关关系。葛顺峰等（2014）研究发现，添加秸秆和生物炭后，可显著提升土壤阳离子交换量，提高了土壤对氮的吸附，降低了土壤液相中铵态氮含量，进而抑制了氨挥发。总之，土壤阳离子交换量是土壤的基本理化性质，主要通过调节土壤 NH_4^+ 的吸附-解吸过程来影响氨排放，有机肥、腐植酸、生物炭以及秸秆还田等能提升土壤阳离子交换量的农田管理措施，均对农田氨挥发具有良好抑制效果。

（6）土壤有机质 土壤有机质是指存在于土壤中的所有含碳有机物质，包括土壤中各种动植物残体、微生物体及其分解和合成的各种有机物质。目前关于土壤有机质与氨挥发的关系还存在争议，促进和抑制的现象均有报道。土壤有机质对氨挥发的影响非常复杂，并且可能是多种影响作用的综合体现（图 3-4）。总体来看，土壤有机质抑制氨挥发的机理包括：①土壤有机质可以增加土壤阳离子交换量，增加对 NH_4^+ 的吸附能力，降低土壤溶液中游离 NH_4^+ 浓度，从而减少 NH_3 挥发；②土壤有机质自身会被微生物分解为腐殖质，有效降低了土壤 pH，进而减少了 NH_3 挥发；③土壤有机质可以提升氨氧化古菌（AOA）和氨氧化细菌（AOB）的活性，增强硝化速率，降低土壤 NH_4^+ 含量。土壤有机质促进氨挥发的机理包括：①施肥后有机质含量高的土壤脲酶活性更强，尿素分解快，氨挥发的潜力增大；②土壤有机质能阻碍 NH_4^+ 进入黏土矿物的固定位置，减少 NH_4^+ 的晶穴固定，增加游离态 NH_4^+，进而增加 NH_3 的挥发；③有机质含量高的土壤在矿化过程中具有释放过多 NH_4^+ 的潜力，也可增加 NH_3 的排放。总之，土壤有机

图 3-4 土壤有机质对氨挥发的影响

质是土壤的重要组成部分,是土壤肥力的重要评判指标,土壤的许多特性都直接或间接地受有机质含量的影响,农田氨挥发与有机质含量同样息息相关,但直接评判有机质对氨挥发是促进效应还是抑制效应是比较困难的,生产中应根据实际条件进行综合评判。

2. 农业措施

(1) 氮肥形态 在我国,使用最广泛的常规氮肥包括尿素、碳酸氢铵(碳铵)、硝酸铵(硝铵)和硫酸铵(硫铵),其中尿素和碳酸氢铵使用最广泛,分别约占氮肥总量的 70% 和 25%。各种氮肥由于自身的氮素形态和理化性质不同,在施用后其氨排放强度也存在差异。总体来看,尿素和碳酸氢铵对农田氨排放的贡献最大,大约占农田施肥氨排放总量的 64% 和 26% (Zhang et al., 2011)。碳酸氢铵和尿素施入土壤后的氨挥发趋势和动态存在差异,碳酸氢铵施入土壤后挥发迅速,释放期短,大约 3 天后就可以挥发完全;而尿素在刚施入土壤时挥发量较小,需在脲酶的分解作用下转化为 NH_4^+ 才会产生氨挥发,氨挥发高峰期在施后 1~7 天,相比碳酸氢铵短期释放强度低,但释放期更长。尿素和碳酸氢铵的氨挥发总量还受土壤类型、脲酶活性、温度及施肥方式等因素影响。凌莉等(1999)通过石灰性土壤培养试验发现,在混施模式下尿素的氨挥发总量大于碳酸氢铵,而在表施模式下碳酸氢铵的氨挥发量更高。而张庆利等(2002)则认为,在褐土、潮土、砂姜黑土和棕壤中表施尿素和碳酸氢铵,尿素的氨挥发总量均大于碳酸氢铵。总体来看,尿素每年的施用量远大于碳酸氢铵,是我国施用最多的氮肥品种,尿素施用造成的氨挥发是农田施肥氨排放的主要来源。一项 Meta 分析发现,等氮量投入下,采用硝酸铵、硫酸铵、磷酸脲、硝酸铵钙、磷酸一铵和磷酸二铵替代尿素可分别减少 88.3%、82.9%、76.2%、67.3%、51.9% 和 51.2% 的氨挥发 (Ti et al., 2019)。因此,优化氮肥品种将是控制农田氨挥发的重要手段。

在传统氮肥的基础上,采用新技术、新工艺、新设备,通过添加包膜材料和增效剂等物质生产而成的一类增效氮肥,比如缓控释氮肥、稳定性肥料、腐植酸尿素等，普遍具有较好的抑制农田氨挥发作用。不同功能性增效氮肥的氨减排机制不同，比如缓控释氮肥主要通过延缓氮肥释放速度，避免速效氮肥的一次性大量投入而带来的大量氨挥发；稳定性肥料主要是通过脲酶抑制剂降低土壤脲酶活性，延缓尿素的分解速度，进而降低氨挥发。增效氮肥的氨减排效应在第四章详细阐述。

（2）施肥方式 施肥方式是向土壤或植株投入作物所需养料的方法。施肥不仅要满足作物对养分的需求，而且要求通过施肥不断提高土壤肥力。常用的施肥方式有撒施、深施（条施、穴施、撒施后翻耕入土等）、随水灌溉、水肥一体化技术和根外施等几种。研究发现，施肥方式是影响稻田氨挥发的首要因素，影响权重达到38.22%，影响作用高于氮肥施用量（19.97%）和肥料种类（9.70%）（图 3－5）（卢丽丽和吴根义，2021）。因此，从施肥方式这个可控因素着手，改良施肥技术是降低农田氨挥发的重要手段。

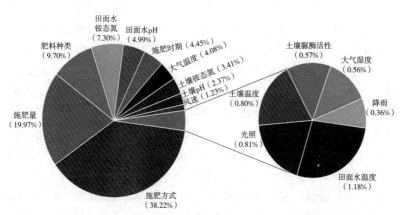

图 3－5 稻田氨挥发各影响因素权重分布情况

氮肥表施是农田常用的施肥手段，不仅会使养分流失，还会造成大量的氨挥发。表施时尿素水解产生的氨容易直接扩散到空气中造成氨挥发损失，还会导致作物根系吸收与土壤养分供应空间错位的问题。与表施相比，将氮肥施到一定深度，水解产生的铵态氮能更多地被土壤中阳离子交换复合体吸附，从而阻碍土壤中氨向上扩散，减少氨挥发（Liu et al.，2015；Miah et al.，2016；Yao et al.，2018）。因此，目前推荐的氨减排施肥技术措施中，配合农业机械和水肥耦合技术的氮肥深施是必要的施肥环节，但适宜的氮肥施用深度既要考虑减少氮肥氨挥发损失，又要考虑肥料能否及时被作物根系吸收，而且还要省工省时。

此外，相比传统"一炮轰"的粗放施肥模式，氮肥分次施入是一种较好的氮肥管理措施，可以提高土壤氮素供应与作物氮素需求的同步性。研究发现，一次性大量氮肥施入是导致农田氨挥发的主要原因，一般农田 90％的氨排放发生在施肥后 7 天内（山楠等，2014）。因此，适当控制氮肥基施比例，分次追肥可以降低氨挥发损失。

3. 气候条件

（1）温度与光照　环境温度是影响农田氨排放的重要气象因素。普遍认为，温度主要通过影响与氨挥发有关的生物化学过程而产生间接影响。主要表现在两方面：①土壤温度升高会增加尿素的溶解度和溶解速率，提升脲酶活性，促使尿素更快转化为铵态氮；②土壤温度升高有利于土壤溶液中铵态氮向氨的转化，导致更多的氨进入气相，增加土壤氨挥发。Yan 等（2016）研究发现，25℃培养条件下的土壤累积氨挥发峰值比 15 ℃条件下高近 2 倍。此外，温度升高不仅提升氨挥发总量，还会将氨挥发高峰期提前。邹长明等（2005）研究发现，在淹水条件下的水稻培养试验中，20℃、30℃、40℃处理的氨挥发累积量分别为 35.85 毫克/盆、41.88 毫克/盆、53.85 毫克/盆，40℃处理在施肥后第 5 天氨挥发达到高峰，而 30℃和 20℃处理分别在第 7 天和第 12 天达到高峰。总之，一定范围内，温度越高，农田氨挥发损失风险越大，这也是我国农田氨挥发呈现"夏高冬低"的主要原因。除此以外，温度对不同类型氮肥氨排放的影响还存在差异，其中对碳酸氢铵的影响最大，温度每上升 1℃，氨排放量增加 0.44％，其次是尿素，为 0.35％，其他氮肥受温度影响较小。

光照对农田氨挥发损失的影响比较复杂。一定范围内，光照对农田氨挥发有促进作用，光照强的晴天比光照弱的多云和阴雨天具有更高的氨挥发量，因为足够强度和足够时间的光照可以提高大气、土壤及田间水分的温度，进而间接提升氨挥发强度。此外，光照会促进土壤水分蒸发，水汽中携带的氨进入空气，也是氨挥发增加的可能原因。因此，光照对氨挥发的影响可以归类于通过对温度和水分蒸发的影响。除此之外，在水田作物中，充足的光照可能会使得水田中藻类繁殖旺盛，促使田间水 pH 升高，进而促进氨挥发。

（2）**降雨**　降雨是快速改变土壤水分及养分运移的气象条件。目前我国大多数农田作物的追肥往往结合降雨施用，因而施肥期的降雨会明显影响农田氨挥发。总体来看，降雨对农田氨挥发的影响取决于降雨前土壤水分状况和氮肥施用措施。比如，土壤干旱条件下，降雨前追施尿素，雨水下渗将肥料带入深层土壤，增加 NH_4^+ 被土壤颗粒和植株根系吸收的机会以及 NH_4^+ 上升到土壤表层的阻力，从而间接减少氨挥发。贺发云等（2005）对南京两种菜地土壤氨挥发的研究表明，追施尿素后，降雨通过降低表层土壤氮的浓度而影响氨挥发，降雨离施肥期越近，雨量越大，氨挥发越小。农田管理中，灌溉和降雨往往起到同样作用，干旱条件下，追施尿素后灌溉，会稀释肥料加速肥料下渗，起到"以水带氮"的作用，同时增加肥料被土壤吸附或植株吸收的比例，避免由于肥料长时间停留在表层而造成损失。但并不是所有情况下降雨都会减少氨排放。在降雨后追施尿素，往往会促进农田氨挥发，因为降雨增加了土壤含水量，尿素在土壤表面水解产生 NH_4^+ 进而通过一系列反应生成 NH_3 造成氨排放。除此之外，降雨量也会影响农田氨挥发。吴萍萍等（2009）研究发现，降雨量与氨挥发量呈负相关，少量降雨反而能增加旱地土壤水分从而促进氨挥发。农田管理中，在不具备氮肥深施条件下，降雨或灌溉后撒施尿素氨挥发风险较高，降雨或灌溉前施肥能明显降低氨挥发。但从氮素平衡角度而言，降雨前和灌溉前施肥往往增加了硝态氮的淋失风险。因此,水肥管理措施应综合考虑氨挥发、硝态氮淋失、径流、反硝化等损失比例,才能最大化提升氮肥利用率。

(3) 风速 风速也是影响农田 NH_3 挥发损失的重要气象因素。一般情况下,田间 NH_3 挥发会随着风速增加而增加。Yang 等(2017)研究证明,风速增加,氨的平衡蒸气压也增加,氨排放速率随之增加。但是,氨挥发与风速之间的关系不一定是线性关系,在土壤 pH 较高的情况下,当风速增大到 7 米/秒后,氨挥发就不再随风速的增加而增大。此外,风速也会因农田大气或者水体稳定状态以及所处地势或者地面粗糙程度的不同,对氨挥发产生不同的影响。例如,良好的植被覆盖可以减缓土壤表层的风速,同时增加对挥发氨的吸收,进而降低排放到大气中的氨。再比如,不同生育时期的作物,因为植株大小不同,对风速的减缓力度不同,进而对农田氨挥发产生不同的影响。此外,风速也是影响农田氨挥发田间测定的重要因素,其变化往往导致氨挥发的田间监测误差增大。

三、农田氨挥发研究中存在的不足与未来展望

(1) 农田氨挥发的原位测定方法众多,不同测定方法各有优缺点,适用范围也不同。比如,微气象学法常用于大型生态区域氨挥发测定,风洞法、通气式静态箱法、间歇抽气法和新近应用较多的德尔格氨管法等是田间小区试验的常用分析方法。农田氨挥发具有很强的时空变异,氨挥发原位分析方法的不统一使得很多研究结果难以直接比较,也会导致大尺度范围内农田氨挥发估算结果的偏差。未来应进一步加强农田氨挥发原位测定方法的优化:一是开展不同方法在同一地块的比较研究,使之具有相对可比性;二是开发精度高、成本低、可重复的新研究手段,使之既不需要太大监测面积同时又具有操作简便易行特点,类似和微气象法建立关联的DTM (Li et al. , 2015;Pacholski et al. , 2006)以及基于涡度相

关的开路式氨挥发仪法等。

（2）新型肥料的研发和应用是提升氮肥利用率和抑制农田氨挥发的重要手段，虽然目前大量研究已经证明了缓控释肥料、稳定性肥料、微生物肥料等新型肥料具有良好的氨减排效应，但对于新型肥料在不同产区、土壤类型、栽培模式、气象因素等条件下的氨减排定量研究还比较欠缺，尤其在经济作物上的排放数据与减排潜力研究还有待加强。未来应继续强化新型肥料的氨排放定量研究，可为将来更新排放清单、排放系数提供技术和数据支撑。

（3）目前碳达峰、碳中和已成为国家行动。应加强农田氨排放与氧化亚氮等温室气体排放、硝酸盐淋洗等同步观测研究，对氮素损失途径之间的此消彼长关系进行综合评估。同时，应综合考虑氨和温室气体（CH_4 和 N_2O）协同减排等因素，有针对性地提出氨减排和土壤固碳的协同技术与综合应用模式。

PART 04

「第四章」
农田氨排放控制对策

　　氨挥发是农业生产中氮肥损失的主要途径之一，不仅导致氮肥利用率下降，而且大量氨气进入环境后还会对生态系统功能产生诸多负面影响。比如，空气中的氨会通过大气干、湿沉降回到陆地和水体，造成土壤酸化（Zhu et al.，2016）和水体富营养化（Camarero et al.，2012）。此外，活性氮在陆地生态系统输入增加，有利于喜氮植物的生长和繁殖，改变了植物群落中物种间的竞争格局，从而降低了地球生态系统的物种多样性。值得关注的雾霾问题同样与氨挥发关系密切，碱性气体氨与大气中的酸性前体物（如 SO_2、NO_x）反应生成的铵盐是二次气溶胶的主要形式。二次气溶胶是大气颗粒物的主要成分，与雾霾天气的发生和空气质量息息相关（Wang et al.，2016）。研究发现，我国华北平原是氨挥发的重要区域，如减少 50％的大气氨浓度可显著降低该区域 $PM_{2.5}$ 质量浓度（An et al.，2019）。因此，摸清我国大气氨挥发特征和来源，并有针对性地进行氨排放消减，对我国北方地区空气质量的改善尤为重要。农田氨减排也逐渐被政府和科学工作者重视，已提上农业现代化建设的重要日程。

　　目前，我国每年大约排放 1 000 万吨的氨（NH_3），其中，畜牧业排放 500 万吨左右，化肥排放约 300 万吨，共占总氨排放的80％左右，农业源氨排放是我国大气氨浓度的主要贡献源（Kang et al.，2016；刘学军等，2021）。近年来，我国农业发展不断迈上新台阶，粮食连年丰收，但高投入、高消耗的农业生产模式也造成农业资源的过度开发和生态环境的破坏。化肥是重要的农业生产资料，在农业生产中起着不可替代的作用。但是，目前农业生产中化肥包括氮肥的过量施用、盲目施用等问题也日益加重。氮肥的不合理施用而产生的氨挥发是我国大气氨的第二大贡献源，具有较大的减排潜力。科学施肥技术的研究和推广可以起到节本增效和环境保护的双重效应，对推进我国农业绿色发展意义重大。

目前，我国可以从控制氮肥总量、改进农田管理措施、优化氮肥品种和施用技术等方面实现农田氨减排。编者通过收集全国尺度种植业氨排放相关文献，整合分析了种植业生产过程中的潜在氨减排技术，通过技术减排效率和经济性构建了种植业氨减排技术清单（表4-1）（刘学军等，2021）。总体来看，我国农田氨减排潜力巨大，应根据不同产区种植情况，通过测土配方施肥合理管控氮肥投入，因地制宜选择高效的氮肥施用技术和农田管理措施，配合增效氮肥的推广应用，达到兼顾粮食安全和保护环境的目的。

表 4-1　我国种植业氨减排清单

生产过程	减排技术	减排效果（%）	推广程度
氮肥投入	25%减肥增效	18.0～32.4	可推广
	50%减肥增效	25.0～48.5	可推广
	75%减肥增效	48.2～68.3	可推广
施肥方式	氮肥深施	45.1～79.4	可推广
	结合传统灌溉	71.3～83.4	可推广
	水肥一体化	60.2～77.4	选择性推广
田间管理	秸秆还田	0～18.6	可推广
	秸秆、生物炭还田（酸性或中性）	20.9～57.7	可推广
肥料类型	有机无机复混肥	46.8～58.3	可推广
	有机肥替代	48.1～70.4	选择性推广
	铵或硝基肥替代	21.7～48.6	选择性推广
增效氮肥	控释肥	6.0～18.5	可推广
	脲酶抑制剂	44.7～63.6	可推广
	脲酶/硝化双抑制剂	8.6～48.8	选择性推广

一、测土配方施肥技术

氮肥的过量施用是诱导农田氨挥发的首要因素，通过科学手段确定合理施氮量，是降低农田氨挥发首要解决的问题。测土配方施肥技术是我国目前非常重要的科学施肥手段，以作物的平衡施肥为目标，以土壤测试和肥料田间试验为基础，根据作物需肥规律、土壤供肥特性和肥料效应，有针对性地补充作物所需的营养元素，作物缺什么元素就补充什么元素，需要多少补多少，实现各种养分平衡供应，满足作物的需要，最终达到提高肥料利用率和减少用量、提高作物产量、改善农产品品质、节省劳动力、节本增收的目的。测土配方施肥技术包括"土壤测试、田间试验、配方制定、肥料生产、施肥指导"5个核心环节。其中，土壤测试结合田间试验是肥料配方制定的核心。比如，"3414"试验是全国农业技术推广服务中心推荐的测土配方施肥的主要田间试验方案，是指（氮、磷、钾）3个因素、4个水平、14个处理，吸收了回归最优设计处理少、效率高的优点（陈新平和张福锁，2006）。目前，我国已在多种土壤类型和作物上通过"3414"试验建立了推荐施肥指标体系（张福锁，2011）。

根据多年测土配方施肥技术的推广经验，目前已经逐步形成了"大区域把握、小区域调整"的推荐施肥思路，在区域"大配方"的基础上通过"小调整"以实现田块的精确调控，这不仅能够满足农民需求，也有利于企业按配方生产供应肥料，是推动测土配方施肥技术普及应用的重要技术手段（张福锁，2011）。比如，基于2005—2010年全国三大粮食作物小麦、水稻、玉米主产区氮、磷和钾肥肥效试验，结合地理信息技术（GIS），可将小麦主产区分为5个大区和7个施肥亚区，水稻主产区分为5个大区和9个施肥亚区，玉米主产区分为4个大区和12个施肥亚区。根据"大配方、小调整"的技术思路确定区域肥料配方，对三大粮食作物的科学施肥具有良好的指导意义（吴良泉等，2015；2016；2019）。

　　我国种植业氨挥发主要来自氮肥施用，并且随着氮肥施用量的增加而升高，达到极显著相关关系（图 4 - 1）（Sha et al.，2021）。在一些高产地区，农民倾向于投入过高的氮肥用量以求达到高产的目标，同时为了省工省时，会选择一次施入远高于适宜施用量的肥料，这无疑会产生大量的氨挥发，氮肥过量施用已经成为我国农田氨挥发的主要诱因。卢丽丽和吴根义（2021）研究发现，氮肥施用量对稻田氨挥发的影响权重达到 20%，仅次于施肥方式的影响。对于氮素营养而言，测土配方施肥技术是综合考虑作物需氮特性和土壤供氮规律而制定的科学施肥量，即结合区域农业生产现状，预测目标产量，结合土壤、植株施肥大数据库，利用氮肥"总量控制、分期调控"等养分管理技术，建立作物的优化施肥方案。因此，测土配方施肥技术的核心是优化肥料用量，减少过量施肥带来的农田氨挥发等环境问题。

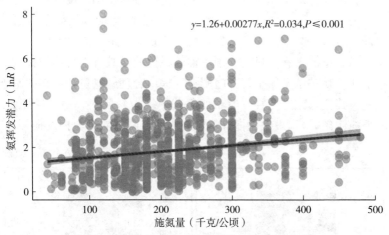

图 4 - 1　农田氨挥发和氮肥施用量的相关关系

（引自 Sha et al.，2021）

　　中国农业大学崔振岭教授课题组通过 8 年 16 季小麦—玉米轮作区长期定位试验发现，与传统施肥相比，优化施肥在保证作物氮素吸收的基础上，可将年度活性氮损失从 288 千克/公顷降至 75 千克/公顷，其中年度氨挥发损失从 135 千克/公顷降至 45 千克/公顷，降幅达到 66.7%（图 4-2），并在此基础上提出"氮素动态平衡优化管理方法"，明确了我国粮食作物县域施肥定额，定量了优化氮肥用量上限和下限：全国玉米平均氮肥用量为 168 千克/公顷，范围在 146~190 千克/公顷；水稻平均氮肥用量为 155 千克/公顷，范围在 132~177 千克/公顷；小麦平均氮肥用量为 151 千克/公顷，范围在 130~171 千克/公顷。该氮素动态平衡优化管理方法可实现粮食增产 6%~7%，同时显著减少氮肥用量 21%~28%，提高氮肥利用率 26.0%~33.2%，降低活性氮损失 23.2%~28.9%（Yin et al.，2021）。李欠欠等（2015）研究同样发现，西北的陕西省长武县和东北的吉林省梨树县春玉米生产中农民传统施氮量偏高，氮肥增产效应不明显，减氮潜力高达 20%~33%，基于测土配方施肥技术制定的优化施肥处理可降低氨（N）挥发损失 15~45 千克/公顷。此外，刘学军等（2021）通过整合分析全国尺度种植业氨排放相关文献发现，25%、50% 和 75% 氮肥减量增效措施下，可分别减少氨排放 18.0%~32.4%、25.0%~48.5% 和 48.2%~68.3%。总体来看，目前我国主推的种植业氨减排综合施肥技术的首个环节就是基于测土配方施肥技术提出合理施氮量，并在此基础上配合其他氨减排途径（有机肥替代、缓控释肥料、稳定性肥料、水肥一体化等），最大化提升氮肥利用率，降低农田氨挥发损失。

单位：千克/公顷

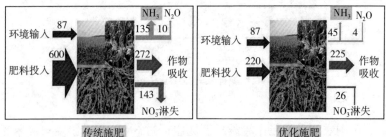

图 4-2　华北小麦—玉米轮作区年度氮平衡

（引自 Yin et al.，2021）

二、氮肥施用技术优化

1. 氮肥深施技术

不同的施肥方式会造成氮素在土壤空间分布上的差异，进而影响土壤氨挥发。确定肥料类型和适宜施用量之后，选择适当的施肥方式也是减少氨挥发损失的关键措施。表面撒施是最简便的氮肥施用方法，但利用率较低，不仅会使养分流失，还会造成大量的氨挥发。以尿素为例，表施的尿素在土壤表面直接与空气接触，尿素水解产生的氨容易直接扩散到空气中造成氨挥发损失，还会导致作物根系吸收与土壤养分供应空间错位的问题。与表施相比，尿素深施后，增加与土壤的接触面积，其水解产生的氨能更多地被土壤中阳离子交换复合体吸附，从而阻碍了土壤中氨向上扩散，减少氨挥发（Yao et al.，2018）。氮肥深施已成为减少华北平原等干旱高温地区日益严重的氨挥发现象的有力手段（Nkebiwe et al.，2016）。笔者前期的研究结果同样发现，在河北曲周和河南新乡夏玉米产区，与表面撒施相比，氮肥深施可降低 70%～90% 的氨挥发损失（图 4-3）。因此，氮肥的表面撒施是导致氨挥发的主要原因，农业生产中应优先选择氮肥深施技术。但农业生产实际中，往往存在深施氮肥比较困难的情况，比如密植作物追肥、农业机械不匹配和劳动力缺乏等原因，可以考虑结合水肥耦合技术和新型增效氮肥来降低农田氨排放。

农业生产中，肥料深施对农业机械化的要求较高，并且施肥深度的改变同样会影响农田氨挥发。一般认为，随着施肥深度的增加，农田氨挥发呈现逐步降低的趋势。侯坤等（2021）等研究发现，与表施处理相比，5 厘米、7.5 厘米、10 厘米、12.5 厘米深施处理的氨挥发累积量分别下降 68.1%、82.4%、99.9%、99.9%，说明氮肥深施 10 厘米以上就可以基本抑制农田氨挥发。针对南方土壤硝化强度弱、铵态氮存续长、氮肥表施氨排放严重等问题，中国科学院南京土壤研究所通过承担的"十三五"国家重点研发计划项目"长江中下游种植业高效控氨减排关键技术研发"课题推出适用于水稻和果树的氮肥深施控氨减排技术：①水稻肥料侧根深施技术：在秧苗移栽的同时，将水稻全生育期所需肥料通过人工或机械施于偏离水稻秧苗根系5厘米左右、距地表10厘米左右的位置，既能满足作物肥料需求，还可最大程度减少氨挥发。②果树大颗粒肥深施控氨技术：在果树休眠期和开花期围绕树冠滴水线挖沟深施或钻孔深施大颗粒专用肥，施肥深度为10～20厘米，该技术可消减52.7%～63.7%的氨挥发总量，同时降低了 N_2O 排放及地表径流造成的氮素损失，并大幅度提升经济效益（夏永秋等，2021）。除此之外，冬小麦基肥翻耕入土配合机械沟施追肥技术、水稻机插侧深施肥机械化技术、玉米种肥同播施肥技术、果树开沟施肥技术和穴施技术等均是控制氨挥发的有效施肥措施。

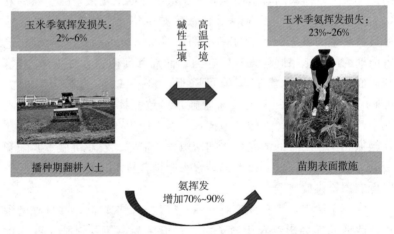

图4-3 不同施肥措施下华北碱性潮土区夏玉米田氨挥发情况

2. 水肥耦合技术

水和肥是影响作物丰产的两个关键因素，灌溉和施肥也是农田非常重要的管理措施。施肥与灌溉的结合往往起到以水促肥和以肥调水的相互增益效果，水肥耦合技术逐渐被农业科技工作者重视，并在多种作物上进行了水肥耦合技术模式的探索。简言之，水肥耦合就是根据不同土壤水分条件，提倡灌溉与施肥在时间、数量和方式上合理配合，促进作物根系深扎，扩大根系在土壤中的吸水范围，多利用土壤深层储水，并提高作物的蒸腾作用和光合强度，减少土壤水分的无效蒸发，以提高降雨和灌溉水的利用率，达到提升肥料利用率、降低养分向环境中的损失、增加作物产量和改善农产品品质的目的。农田氨挥发主要来源于土壤表层固相、液相和气相中游离的 NH_4^+，而水分是养分在土壤中运移的重要介质，合理的灌溉可以将表层氮素带至土壤深层，起到类似于氮肥深施的效果，具有良好的氨减排效应。但是，灌溉时间、灌水量和灌溉技术的变化都会影响土壤氮素残留和植物氮素吸收，除了氨挥发外，水肥耦合技术还应考虑氮素的其他损失过程，尤其是硝态氮的淋洗损失。此外，水肥耦合对氮素的减排增效作用与土壤状况、作物种植方式等密切相关，不同作物在不同的土壤条件下，水肥耦合关系也会不同。因此，使用水肥耦合技术时应根据当地具体情况，将灌溉与施肥技术有机地结合起来。

结合我国目前农田灌溉手段和施肥技术，比较推荐的是控氨增效水肥耦合技术，主要是"以水带氮追肥技术"。广义的"以水带氮"中灌溉手段内涵广泛，包括传统漫灌、喷灌、滴灌、灌根等，基本宗旨是在不具备氮肥深施的条件下，利用灌溉水或降雨将氮素带入深层土壤。近年来，随着我国农业现代化的不断发展，基于滴灌技术的水肥一体化技术逐渐普及，尤其是在经济附加值较高的经济作物上已成为常规灌溉和施肥技术。水肥一体化技术在常规"以水带氮追肥技术"的基础上，可以更精准地控制施肥量、施肥深度、施肥次数等影响氨挥发损失的关键因素，具有大幅提升氮肥利用率的优势，将势必成为我国发展高产高效农业的主推技术。

（1）**以水带氮追肥技术** 目前我国多数作物的氮肥都采用基施和追施相结合的施肥方式，追肥一般采用表面撒施的方式，该时期是氨挥发的高风险期。水肥的合理配合是降低追肥氨挥发非常关键的管理措施，灌溉水可以使氮肥快速溶解，使之随水分向土壤下层迁移，更容易被作物根系吸收，从而减少了氨挥发损失风险。杨杉等（2014）研究发现，氮肥会随着雨水下渗至土壤深处，增加了土壤颗粒吸附带正电荷的 NH_4^+ 的概率和已形成的 NH_3 扩散至土壤表层的阻力，降低了表层土壤铵态氮的浓度，从而抑制了氨挥发。另有研究发现，施肥后立即灌溉可减少 40%～70%的氨挥发，减排效果取决于灌溉时间、水量以及土壤湿度和质地（Bittman et al.，2014）。刘学军等（2021）研究也表明，施肥后灌溉可以减少71.3%～83.4%的氨挥发。此外，由于降雨时间的不确定性或者为了避免大量氮素的淋洗损失，农民往往采用降雨或灌溉后撒施的追肥方式，该方法的氨挥发损失普遍高于降雨或灌溉之前施用。因为，降雨或灌溉后，土壤湿度大，撒施的尿素迅速溶解并在脲酶作用下水解为铵态氮，但不能随水下渗，大量的速效铵态氮集中于土壤表面，短期内氨挥发风险较大。笔者前期通过模拟试验发现，30℃培养条件下，尿素在潮土中的氨挥发均表现为雨后撒施＞雨前撒施＞深施，并且雨后撒施尿素的氨挥发累积量远大于另外两种施肥措施（图4-4）。

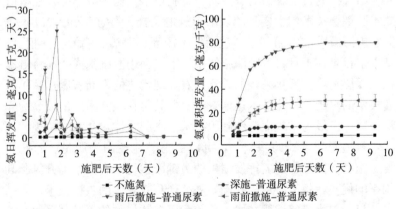

图4-4　不同施肥措施下华北碱性潮土区夏玉米田氨挥发情况

"以水带氮"技术是首先在水田提出并推广的水肥管理措施和氮肥深施技术，而在旱作作物上较少提及，这主要是由于水田和旱作作物的水分管理措施不同。水稻是水田作物，常规的氮肥追施方法是直接将氮肥撒施于水面，短期内会大幅度增加稻田水层表面氨的分压和水中氨的浓度，氨挥发损失严重，氮肥利用率低。与传统灌溉和施肥方式相比，采用干湿循环条件下的"以水带氮"节水灌溉模式可有效将稻田中追施的部分尿素带入根际土壤，降低氨挥发损失，提高作物产量（Xu et al.，2019）。"以水带氮"技术要点为：在施肥前，稻田停止灌水，晾田数日，尽可能控制土壤水分处于不饱和状态，氮肥表施后立即复浅水，使氮肥随水下渗，可使60％的表施氮肥带入土壤，该技术对水稻节肥增产效果非常显著。而对于旱作作物，常规的追肥往往是结合灌溉和降雨来完成，比如降雨前撒施氮肥或撒施氮肥后灌溉，即可利用降雨或灌溉将氮素带入深层土壤，比较容易达到"以水带氮"的施肥目的。

传统的灌溉和施肥技术相对粗放，不能精准控制氮肥去向，配合传统漫灌和降雨的氮肥追施，虽然可以一定程度上降低氨挥发，但往往会造成氮素的淋失和径流损失，未来应继续探索更精准的水肥管理措施，达到提升氮肥利用率并减少环境污染的目的。比如，邢寒冰等（2021）通过优化果园施肥方式和灌水量，采用根际注射与节水灌溉相结合的管理方法，能够有效降低氨挥发排放。史鑫蕊等（2018）研究发现，在灌溉定额一定的条件下，随灌水次数增加，春玉米田水分渗漏量逐渐减少，同时硝态氮淋洗和氨挥发也逐渐减少，是适用于荒漠绿洲地区春玉米田的优良水肥管理技术。李银坤等（2016）研究发现，减氮 25％与节水 30％的组合在设施栽培蔬菜种植区具有比较好的经济效益与环境效应。因此，在不具备喷灌或滴灌等节水灌溉手段的条件下，以降低农田氨挥发等氮损失和提升氮肥利用率为目标，通过调整施肥次数、施肥方式、施肥时间、灌水量、灌溉次数等因素，筛选易于操作的最优水肥管理组合，具有较好的推广价值。

（2）水肥一体化技术 水肥一体化是将施肥技术与灌溉技术相结合的一项新技术，是精确施肥与精确灌溉相结合的产物，在灌溉和施肥技术中占有重要地位。水肥一体化技术的灌溉技术内涵广泛，包括沟灌、喷灌、滴灌等，应当根据不同作物种类选择适宜的灌溉方式。目前常说的水肥一体化技术主要采用的是滴灌和微喷灌方式，其中滴灌最普及。水肥一体化技术的主要流程为：首先将水溶性肥料溶解于灌溉水中，利用配套灌溉系统，在灌溉的同时给作物提供营养，适时、适量地补给作物所需的水分和养分。与传统的施肥方式相比，水肥一体化技术施肥具有诸多优势，如大幅减少肥料用量、减少养分流失及面源污染、灵活调控以满足不同区域或作物对肥料的需求、提高作物产量和品质以及降低生产成本。近年来，我国非常重视水肥一体化技术的研发和推广，2017 年中央 1 号文件明确指出要大力发展节水农业，控制农业用水总量，推动实施化肥使用量零增长行动，提高水肥资源利用率。同年，农业部印发了《推进水肥一体化实施方案（2016—2020 年）》，作为我国农业可持续发展的主推技术加大推广力度。

从施肥角度考虑，水肥一体化技术可定量、精准地将氮肥带入根系区域，理论上可将根区土壤养分调控在既能满足作物高产优质需求，又不至于过量而对环境造成负效应的范围之内，可以有效降低农田氨挥发。水肥一体化技术降低农田氨挥发的首个原因是氮肥的少量多次施用，土壤中铵态氮含量始终处于低挥发风险状态，可从根本上解决传统施肥的一次性大量氮肥投入诱发的氨挥发问题。因此，在水源匮乏区域或高附加值经济作物种植区，通过构建水肥一体化体系，可实现节水、节肥、控氨的多重效果，该技术具有 60.2%～77.4% 的农田氨减排潜力（刘学军等，2021）。王远等（2021）研究同样发现，在相同施氮量下，相比传统肥料撒施方式，滴灌施肥可使设施番茄氮肥利用率由 23.9% 提高至 40.9%，全生育期氨挥发累积量由 37.2 千克/公顷减少至 3.1 千克/公顷，氨挥发损失率由 16.6% 减少至 1.4%。此外，水肥一体化技术可大幅提升作物氮吸收和氮肥利用效率，进而降低氮素的氨挥发、反硝化、淋洗和径流等损失。贾国熇等（2021）研究发现，相比于沟灌和喷灌，基于滴灌方式的水肥一体化技术可以更好地促进玉米生长过程中干物质积累量以及养分吸收量，也是玉米种植中适宜的灌溉方式。石雄高等（2021）研究发现，微喷（滴）灌水肥一体化技术在小麦栽培中可实现节水 30%～40%、节肥 20%～30% 以及增产 15%～30%，水和肥料利用率分别提高 40%～60% 和 30%～50%。另有研究表明，水肥一体化技术相较于传统的水肥管理方式，可节约用水 40% 以上，肥料利用率由 30%～40% 提高到 50%～60%，节约肥料 20% 以上（单永超等，2022）。

目前我国比较常用的水肥一体化技术应用模式包括：①滴灌水肥一体化技术：按照作物需水需肥要求，通过低压管道系统与安装在毛管上的滴头，将溶液均匀而又缓慢地滴入作物根区土壤。该技术应用范围最广泛，不受地形限制，即使在有一定坡度的坡地使用也不会产生径流影响其灌溉施肥均匀性，不论是密植作物还是宽行作物都可以应用。②微喷灌水肥一体化技术：相比传统采用高压喷水作用将水喷向空中然后落于土壤和植株附近的喷灌技术，微喷灌技术改为低压管道系统，以较小的流量将灌溉水通过微喷头或微喷带喷洒到土壤和植物表面进行灌溉，是一种局部的灌溉设施，可以降低传统喷灌导致的水分蒸发飘逸损失问题，也可以更精准地将肥料施到预定区域。该技术在果园、园林绿化以及工厂化育苗中应用广泛，常见的微喷灌系统一般分为地面和悬空 2 种。③膜下滴灌技术：该技术主要是把滴灌和覆膜技术相结合，即在滴灌带上面覆盖一层薄膜。覆膜可以在滴灌节水的基础上进一步减少水分蒸发，同时降低氨挥发损失。该技术在西北干旱或盐渍化地区应用面积较大，也常用于设施栽培环境中，有利于抑制土壤盐渍化（陈广锋等，2013）。

三、农田优化管理

1. 有机肥替代

有机肥养分全面、释放缓慢，并且具有良好的培肥改土效应，是提升土壤肥力的良好材料。近年来，化肥产业发展迅速，并且在粮食生产中发挥举足轻重的作用，是保证粮食高产的基本要素。然而，化肥的过量施用使有机肥在粮食增产中的作用逐年降低，造成土壤质量逐年下降（Guo et al.，2010）。因此，重视有机肥的施用，提升农业废弃物的利用效率，推广有机无机肥配施技术是提升土壤肥力和粮食生产能力的必然趋势。"十三五"期间，为了打好农业面源污染治理攻坚战，我国全面推行"一控、两减、三基本"的农业政策方针，取得良好的成绩。2021年的中央1号文件明确表示，2021年要持续推动化肥农药负增长，扩大有机肥替代化肥应用范围，提高农产品质量和竞争力，坚持并确保农业绿色发展。因此，有机肥的推广应用对我国农业的可持续发展意义重大。其中，有机肥对农田的氨减排效应已被广泛认可，尤其是"十三五"期间在不同作物和地区开展的有机肥替代部分化肥的减肥增效技术模式，均表现出良好的环境效应和增产效应（张怡彬等，2021；武星魁等，2020）。

　　化学氮肥施入土壤后溶解较快，一部分被土壤胶体吸附成为吸附态的铵离子，绝大部分则进入土壤溶液中，使铵离子的浓度迅速提高，促进氨挥发。有机肥替代部分化学氮肥抑制农田氨排放的机理可归纳如下：①有机肥施入土壤后，所含的少量速效氮进入土壤后的行为基本与化学氮肥一致，也可以小幅度提高土壤溶液中铵离子的浓度，而大量的有机氮组分则需要经过长时间的矿化分解才能参与氨挥发的过程，具有氮素缓释效果，进而降低农田氨挥发（李燕青等，2019）。②有机肥可改变土壤理化性状进而间接影响农田氨挥发损失，比如有机肥可以降低碱性土壤 pH，增加土壤阳离子交换量和 NH_4^+ 的吸附能力，激发土壤微生物对土壤氮的生物固定等，均能在一定程度上抑制农田氨挥发损失。

　　有机肥与化肥的配施比例是影响农田氨挥发的重要因素。研究发现，有机肥与化肥配施处理氨挥发总量随化肥配施比例增加而明显增加，当化肥配施比例达到75%时，周年氨挥发总量与单施化肥处理相当（李燕青等，2019；任立军等，2021）。此外，在氨挥发风险较高的盐渍土壤上，有机肥依然具有良好的氨减排效果，其中有机肥替代50%氮肥的肥料配施模式既能保证高产，又能显著降低氨挥发损失，可在内蒙古河套灌区玉米田推广应用（周慧等，2019）。在黄淮海小麦种植区，化肥与有机肥1∶1配施同样具有良好的增产增效和氨减排效应（郑凤霞等，2017）。

生物有机肥是传统有机肥的升级产品，是将特定功能微生物与主要以动植物残体（如畜禽粪便、作物秸秆等）为来源并经无害化处理、腐熟的有机物料复合而成的一类兼具微生物菌剂和有机肥功能的肥料。微生物菌剂是一种绿色环保的新型肥料，合适的微生物菌剂能够降低氨挥发峰值期间的土壤pH，同时提高硝化微生物的丰度而增强土壤硝化作用，促进$NH_4^+ - N$转化生成$NO_3^- - N$，减少氮素以氨挥发形式损失的比例（朱影等，2020）。汪霞（2017）研究发现，在氨挥发较为严重的北方碱性土壤地区，真菌类微生物菌剂如绿色木霉菌、细菌类微生物菌剂解淀粉芽孢杆菌和多黏类芽孢杆菌，可分别降低氨挥发量42%、20%和14%。由于兼具微生物菌剂和有机肥的功效，生物有机肥逐渐被农业科技工作者和肥料企业关注和重视。微生物菌种的添加可以进一步挖掘有机肥的氨减排潜力，比如解淀粉芽孢杆菌生物有机肥可提高芽孢杆菌、硝化螺菌属相对丰度，促进土壤硝化过程，进而减少农田氨挥发（杨亚红等，2020）。

2. 秸秆还田

作为一种低成本、高产量的有机材料，作物秸秆在农业生产中的合理利用一直是国内外学者的研究热点。作物秸秆直接还田是一种被认可的经济有效的农田培肥措施，不仅可以归还养分，还可以改善土壤物理结构，提高土壤微生物活性，影响农田生态系统碳氮循环，已经成为可持续农业和生态农业的重要内容。近年来，秸秆还田对农田氨挥发调控效应的相关研究也逐渐被关注。总体来看，秸秆还田对农田氨挥发的影响可能受供试土壤类型、还田方式、气象条件、种植模式等诸多因素影响。

秸秆还田对农田氨挥发的影响可能是多种影响机制的综合效应，抑制氨挥发的机制包括：①秸秆还田具有固定无机氮的作用，可以将土壤无机氮转化为有机氮，降低氨挥发来源；②秸秆腐解过程中会产生酸性物质，降低土壤 pH，进而抑制土壤氨挥发；③秸秆腐解后形成大量腐殖质，增强土壤颗粒对 NH_4^+ 的吸附作用进而抑制土壤氨挥发。促进氨挥发的机制包括：①秸秆还田后，有机物质阻碍了 NH_4^+ 进入土壤矿物固定位置，减少了铵的晶穴固定；②水田中秸秆降解过程中产生的有机基团中和了水面部分酸根离子，提高了田面水的 pH，从而促进氨挥发；③秸秆还田可以提升土壤脲酶活性，加速尿素水解速度，同时秸秆还田后土壤疏松，土壤孔隙度变大，也增加土壤中氨进入气相而损失的风险。目前，短期的秸秆还田对农田氨挥发的调控作用依然存在争议，但由于秸秆还田是一项长期的土壤改良手段，应从长期定位试验结果评价其对氨排放的长期影响。

中国科学院山地灾害与环境研究所周明华团队研究发现，长期秸秆粉碎还田能提高土壤微生物活性，提高土壤肥力，并能促进土壤对 NH_4^+ 的固定，降低 16.1%～35.1% 的氨排放（Zhang et al.，2012b）。赵政鑫等（2021）基于 Meta 分析，解释了不同自然条件及农田管理措施下，秸秆还田对农田土壤氨挥发的影响：①在氨挥发较高的中性或碱性土壤中秸秆还田会显著抑制土壤氨挥发，在酸性土壤中秸秆还田显著促进土壤氨挥发；②以翻耕或旋耕方式进行秸秆还田会显著抑制土壤氨挥发；③利用较高 C/N 的秸秆还田对土壤氨挥发的减排效果较好；④在非水田中秸秆还田对土壤氨挥发有显著抑制作用，在水田中秸秆还田对土壤氨挥发具有显著促进作用。因此，秸秆还田是我国目前主推的常规农田管理措施，虽然其对氨挥发的短期影响比较复杂，但长远来看，尤其在氨挥发较高的北方碱性土壤上，秸秆还田依然具有良好的氨减排效应。

3. 腐植酸

腐植酸是动植物残体和微生物细胞等经生物和化学降解与转化，以及地球化学的一系列过程所产生与累积的一类成分复杂的天然有机高分子混合物，是一种无毒、无害的环保资源，并广泛应用于工农业、环境保护及医药保健领域。在农业系统，腐植酸作为一种高效、无污染的肥料增效剂在改善土壤水、肥、气、热，促进作物养分吸收利用，提高作物产量等方面发挥了独特作用，并且腐植酸本身就是土壤有机体的一部分，对环境无污染，被誉为"绿色环保肥料"（赵秉强等，2008）。研究发现，腐植酸可通过改善土壤团粒结构和降低土壤紧实度来降低土壤容重，增大土壤孔隙度，改善土壤水的入渗能力，还具有提高土壤养分有效性和刺激植物生长的作用（武月胜等，2021）。在我国绿色农业高度发展的背景下，农业生产对肥料产品的要求越来越高，以改善肥料养分释放特性为主要特征的肥料创新研究成为肥料研究与开发的热点（赵秉强等，2008）。因此，发挥腐植酸在改良土壤、提升肥料利用率、刺激作物根系生长等方面的作用，通过研制新型腐植酸增效肥料，对促进我国肥料产业技术升级具有十分重要的战略意义。

腐植酸对氮肥的增效减排作用是其农用的重要方向。首先，腐植酸能够通过其巨大的比表面积、丰富的微孔结构和疏松的海绵状结构吸附尿素中的氮素，具有一定的缓释功效（Liu et al.，2019）。更为重要的是，一定条件下，腐植酸的含氧官能团能够与尿素发生化学反应生成腐植酸尿素复合物，这成为腐植酸尿素更为高效的核心原因（Saha et al.，2017）。目前，腐植酸尿素的常用生产工艺是向高温熔融的尿素中加入腐植酸制备，该工艺已经实现工业化生产（刘艳丽等，2016；刘增兵等，2009）。大量研究证明，腐植酸尿素具有抑制农田氨挥发、提升氮肥利用率、增加作物产量的作用（Zhang et al.，2019a；王平等，2018；刘红恩等，2018）。其中，腐植酸具有较好的控氨减排效果的机制，主要包括：①腐植酸与尿素反应，生成的复合物较普通尿素释放缓慢，具有缓释功效；②腐植酸能够抑制土壤脲酶活性，延缓尿素的释放；③尿素水解产生的 NH_4^+ 能被腐植酸吸附从而结合生成稳定的腐植酸铵盐，减少氨挥发。

腐植酸尿素的氨减排作用可能还受腐植酸来源、腐植酸添加比例、生产工艺、土壤类型、施肥条件等因素影响，这也导致了不同研究中腐植酸尿素的氨减排幅度存在差异。Shen 等（2020）研究发现，与普通尿素相比，腐植酸尿素能够降低 9.7％的氨挥发损失。而许俊香等（2013）研究发现，与普通尿素相比，腐殖酸尿素的氨挥发量能够降低 30％以上。笔者前期基于河南心连心化学工业集团股份有限公司生产的黑力旺腐植酸尿素，分别在内蒙古杭锦后旗、河北曲周及河南新乡的向日葵、小麦、玉米产区开展田间试验。研究发现，腐植酸尿素可在减氮 25％以上的情况下，在 3 个产区的多种作物上保持稳产或增产，并表现出良好的氨减排效果（图 4-5）。

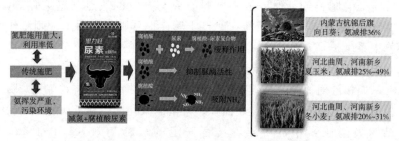

图 4-5　腐植酸尿素降低农田氨挥发的机理及实际应用效果

4. 生物炭

生物炭是农林废弃物等生物质在缺氧条件下经高温裂解产生的一类高度芳香化的富碳产物。生物炭的表面理化性状受其原材料、裂解温度和时间、气氛条件、粉碎及筛分工艺等制备工艺制约，这也导致不同制备条件下生物炭表面理化特性差异较大。生物炭具有独特的多孔隙结构，并含有丰富的矿质养分，可以改善土壤保水保肥能力和透气性，增加土壤微生物活性，提高作物产量，是一种新型的培肥改土材料（Castaldi et al.，2011；Laird et al.，2010；Major et al.，2010）。生物炭还可以作为一种肥料增效剂，减少化肥中养分淋失，提高氮肥利用率，保持土壤有机质的稳定性，减缓有机肥中活性有机碳的分解速度，并减少碳排放（孟颖等，2014；Yuan et al.，2016；Zhang et al.，2012a）。总体来看，生物炭在土壤改良、作物增产、环境污染治理等方面具有良好的应用前景，可在废弃物减量化的同时实现资源的再利用（陈温福等，2013）。

作为一种外源添加物，施入土壤的生物炭不仅可以作为一种多孔隙吸附材料长期存在于土壤中，还能改变土壤的理化特性和生物学特性，进而改变土壤氮素的吸附固定、淋失、硝化与反硝化等转化过程，势必会通过多种影响机制改变农田氨挥发特性。因此，生物炭对农田土壤氨挥发的影响可能是多种直接和间接影响的综合体现。许云翔等（2020）详细总结了生物炭对农田土壤氨挥发的影响机制，其中抑制氨挥发的机制包括：①生物炭具有复杂的多孔结构和较高的比表面积，能吸附土壤铵态氮和气态氨，从而降低农田土壤氨排放；②生物炭的特殊结构可以为氨氧化细菌提供良好的栖息场所和丰富的养分，进而通过增加氨氧化微生物活性加速土壤硝化过程，降低土壤铵态氮含量而降低农田氨挥发。促进氨挥发的机制包括：①生物炭一般呈碱性，可显著提高土壤 pH，进而有利于 NH_4^+ 向 NH_3 转化，从而促进农田氨排放；②生物炭通过提高土壤有机氮矿化微生物活性和脲酶活性增加土壤铵态氮浓度；③生物炭能增加土壤透气性，加速土壤和空气的物质与能量交换，从而加速氨排放损失（图 4 - 6）。因此，不能直接评判生物炭对农田氨挥发是抑制作用或是促进作用，应综合众多因素来分析其最终影响效果。Sha 等（2019）通过对已发表的 41 篇文章和 144 个研究结果的 Meta 分析发现，在酸性土壤中施用生物炭往往促进农田氨挥发，高 pH 土壤和低施用量的生物炭也表现出相同的趋势。相反，将生物炭与尿素或有机肥结合，或者以适当的比例使用酸化生物炭，都有利于降低农田氨挥发。

作为应对气候变化的新材料，生物炭在固碳减排方面的作用已被证实。然而，从许多已报道的研究来看，添加生物炭对氨挥发的影响依然存在争议，相互矛盾的研究结果可能归因于供试生物炭自身特性、农田土壤理化性状、周边自然环境和人为管理方式等因素的差异。目前来看，生物炭还田还不是一种可以稳定降低农田氨挥

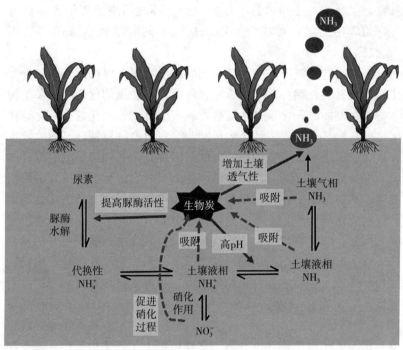

图 4-6　生物炭对农田氨挥发的影响过程

注：虚、实线箭头分别表示生物炭对氨气的抑制作用和促进作用。

发的技术模式。笔者认为，未来应重点关注的研究方向是定量化生物炭理化性状与不同生境下农田氨挥发的关系，找出关键调控因子，并在此基础上优化生物炭制备工艺，并有针对性地对生物炭进行改性处理，制备有利于长期抑制农田氨挥发的生物炭及相关衍生物。例如，生物炭的碱度较高是其促进氨挥发的主要原因之一，通过改性措施制备的酸性或中性生物炭则表现出抑制农田氨挥发的作用，具有 20.9%～57.7% 的氨减排潜力（刘学军等，2021）。此外，生物炭与氮肥配合施用后两者有一定的协同效应，可以有效提升氮肥利用率，也可在一定程度上降低农田氨挥发。其中，最具田间推广价值的措施是以生物炭为原料制备的炭基缓释肥的应用，该肥料属于缓控释肥料中的一种，不仅可以达到缓慢释放养分的效果，生物炭的输入还可增加土壤对氮素的吸附能力，降低氨挥发损失量，提高氮肥利用率，而且可以改善土壤生态环境，促进农田生态系统可持续发展。

四、新型肥料

1. 缓控释氮肥

缓控释氮肥是一种应用广泛的新型肥料。缓释氮肥又称长效氮肥，主要指施入土壤后转变为植物有效养分的速度比普通氮肥缓慢的肥料。其释放速率、方式和持续时间不能很好控制，受施肥方式和环境条件的影响较大。控释肥料是缓释肥料的升级产品，是指通过各种机制措施预先设定肥料在作物生长季节的释放模式，使其养分释放规律与作物养分吸收基本同步，从而达到提高肥效目的的一类肥料。目前从产品角度来看，缓释和控释肥料之间没有法定的界定，现一般统称为缓控释肥料，可以定义为肥料中养分释放速率缓慢，释放期较长，在作物的整个生长期都可以满足作物生长需求的肥料。

目前，根据释放机制不同可将缓控释氮肥分为两类：合成有机微溶性氮肥和包膜氮肥。合成有机微溶性氮肥中应用最多的就是脲甲醛，脲甲醛是在尿素中加入一定比例不同链长的甲基脲聚合物，施入农田后快速融化为胶体被土壤紧密吸附融合，同时氮素释放较普通尿素缓慢（黄丽娜和魏守兴，2015）。包膜氮肥是用有机高分子材料作为包膜材料，可溶性物质必须通过该膜向周围环境扩散，达到控制养分释放的目的（图 4 - 7）。大量研究证明，缓控释氮肥能有效降低农田氨挥发并提高氮素利用率（Liu et al.，2020；周丽平等，2016）。Zhang 等（2019b）基于 120 项研究的 866 项数据的 Meta 分析结果表明，施用控释尿素代替普通尿素可使玉米产量提高 5.3%，氮肥利用率提升 24.1%，NH_3 挥发损失降低 39.4%，同时可降低 N_2O 排放和氮素淋失。总之，缓控释氮肥作为一种调控氮素释放的新型肥料，可协调土壤氮素养分供应与作物需求，提高氮肥利用率和作物产量，同时具有良好的氨减排效应。

图4-7　包膜氮肥养分释放机理

2. 稳定性氮肥

稳定性氮肥也是一种比较常用的新型肥料。GB/T 35113—2017《稳定性肥料》将稳定性肥料定义为：经过一定工艺加入脲酶抑制剂和（或）硝化抑制剂，施入土壤后能通过脲酶抑制剂抑制尿素水解，和（或）通过硝化抑制剂抑制铵态氮的硝化，使肥效期得到延长的一类含氮肥料。从氨挥发角度而言，稳定性肥料中的脲酶抑制剂起到关键作用。现实生产中，人们往往在尿素施用期控制脲酶活性而最终达到经济效益和环境效益的双赢，其中最快速、高效的措施就是添加脲酶抑制剂。在水田和旱地作物上，脲酶抑制剂均可明显延缓尿素水解，推迟土壤或田面水 $NH_4^+ - N$ 峰值出现的时间，并降低 $NH_4^+ - N$ 峰值，降低了土壤和田面水表面氨挥发速率和挥发量（He et al.，2018；Perin et al.，2020）。脲酶抑制剂种类繁多，NBPT（N-丁基硫代磷酰三胺）是目前公认抑制效果良好的脲酶抑制剂，也是目前农业应用及商业开发中较为成功的脲酶抑制剂。NBPT属于磷酰胺类脲酶抑制剂，其结构与尿素相近，可以和尿素竞争脲酶结合位点，进而降低脲酶对尿素的水解速率（图4-8）。

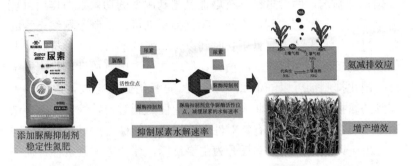

图 4 - 8 稳定性氮肥的氨减排和增产增效作用

编者通过 2 年 4 季（小麦玉米轮作体系）的田间试验发现，新型脲酶抑制剂力谋仕（Limus®，活性部分为：75％ NBPT 和 25％ NPPT）可显著降低农田氨挥发量，第一年和第二年玉米季分别降低了 85％和 96％，小麦季分别降低了 41％和 64％，证明此新型脲酶抑制剂的良好氨减排效应（Sha et al.，2020）。河南心连心化学工业集团股份有限公司采用该技术研制开发出一种高效稳定性肥料"超控士尿素"，并且在内蒙古杭锦后旗、河北曲周、河南新乡等地证明了该肥料的良好氨减排效果，可在多种栽培模式下降低氨排放31％～69％。进一步验证发现，添加新型脲酶抑制剂力谋仕的超控士尿素在不同温度和施肥方式下均表现出稳定的氨减排效果。因此，添加脲酶抑制剂的稳定性氮肥最大的优势就是即使在表施的情况下，依然有比较好的氨减排效果，对于不具备深施条件或农机不配套的地区，基于稳定性氮肥的氨减排技术具有较好的推广前景。总体来看，国内外已对脲酶抑制剂与农田氨挥发的关系进行了大量的研究，但仍有许多关键问题和机理还不清楚。比如，高温等保存环境和掺混尿素之外的其他肥料（比如磷肥）导致脲酶的抑制稳定性下降的机理及解决措施，农田环境因子、田间管理措施与脲酶抑制剂的作用效果的关系及关键控制因子等，需要在今后的研究中进一步探讨。

值得注意的是，除了脲酶抑制剂外，另一种常用的氮肥增效剂是硝化抑制剂，两者虽都具有增加氮肥利用率的功效，但作用机理完全不同。与脲酶抑制剂不同，硝化抑制剂可以抑制土壤铵态氮的硝化过程，使土壤中氮素更长时间以铵态氮的形式存在，虽可降低硝态氮的反硝化和氮素淋洗损失，但增加了农田氨挥发风险。据统计，硝化抑制剂可以降低 28%～40%的氧化亚氮排放，但增加了36%的氨挥发损失。因此，在选择稳定性氮肥时，要综合考虑供试土壤性质和施用目的，有针对性地选择适宜的稳定性氮肥种类。同时，也应以氮肥利用效率提升为主要目标，综合考虑氮素各种损失途径（氨挥发、硝酸盐淋失、反硝化损失等），达到高效的氮素综合管理目标。

五、基于农田氨减排的作物施肥技术规程

氨排放的管控和治理不仅关乎氮素资源的高效利用和农业面源污染的控制，还可大幅改善空气质量。刘学军等（2021）基于我国大气氨观测网络，研究发现我国氨浓度较高的地区集中分布在华北平原，特别是京津冀中南部地区年均氨浓度高达 13.4 微克/米³，其次为西北地区（10.0 微克/米³），远高于中部地区（5.4 微克/米³）、东南地区（5.1 微克/米³）、东北地区（4.4 微克/米³）和西南地区（3.8 微克/米³）。因此，华北平原是我国氨浓度最高、氨排放量最大的热点区域，而华北平原种植面积最大的小麦和玉米田氨减排就变得尤为重要。本书分别以冬小麦和夏玉米为例，介绍适用于华北平原的氨减排施肥技术规程。

1. 基于农田氨减排的冬小麦施肥技术规程

（1）基本理论与适用范围 目前我国华北平原冬小麦氮肥多数采用基施和返青期追施相配合的施肥方法。其中，基肥多采用翻耕入土的氮肥深施措施，而返青期追肥往往采用表面撒施的方法，如果水肥管理不当的话，该时期往往产生大量的氨挥发。因此，对于冬小麦农田氨挥发的控制主要集中在追肥时期，分别采用氮肥深施

和施用稳定性氮肥两种手段达到氨减排效应。本施肥规程（图4-9和图4-10）适用于华北平原冬小麦种植区，肥料施用量可根据不同产区土壤肥力情况和小麦群体状况进行小幅调整。

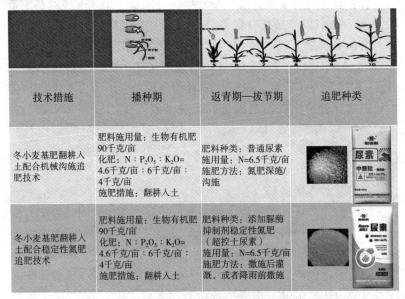

技术措施	播种期	返青期—拔节期	追肥种类
冬小麦基肥翻耕入土配合机械沟施追肥技术	肥料施用量：生物有机肥90千克/亩 化肥：N：P_2O_5：K_2O=4.6千克/亩：6千克/亩：4千克/亩 施肥措施：翻耕入土	肥料种类：普通尿素 施用量：N=6.5千克/亩 施肥方法：氮肥深施/沟施	
冬小麦基肥翻耕入土配合稳定性氮肥追肥技术	肥料施用量：生物有机肥90千克/亩 化肥：N：P_2O_5：K_2O=4.6千克/亩：6千克/亩：4千克/亩 施肥措施：翻耕入土	肥料种类：添加脲酶抑制剂稳定性氮肥（超控士尿素） 施用量：N=6.5千克/亩 施肥方法：撒施后灌溉，或者降雨前撒施	

图4-9　基于农田氨减排的冬小麦施肥技术规程

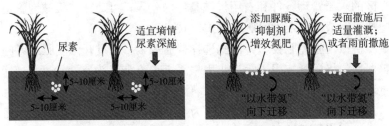

机械沟施追肥技术　　　　稳定性氮肥表施追肥技术

图4-10　基于农田氨减排的冬小麦追肥技术示意图

（2）施肥量　在玉米秸秆全部还田条件下，采用商品有机肥替代化肥纯氮总用量的15％时，每亩商品有机肥（其中 N：P_2O_5：K_2O比例为2：1.5：1.5）总用量为90千克，每亩化学氮肥（N）

总用量为 13 千克，每亩化学磷肥（P_2O_5）总用量为 6 千克，每亩化学钾肥（K_2O）总用量为 4 千克，养分投入量可根据土壤基础肥力情况适当调整。

（3）基肥施用量及方法　基肥中纯氮用量占小麦季纯氮总用量的 50%，每亩以商品有机肥完全替代小麦季纯氮总用量的 15% 计算，商品有机肥（其中 $N：P_2O_5：K_2O$ 比例为 2：1.5：1.5）用量为 90 千克，每亩化学氮肥（N）用量为 4.6 千克，每亩化学磷肥（P_2O_5）用量为 6 千克，每亩化学钾肥（K_2O）用量为 4 千克。其中化肥选择合适配比的复混肥料，或者氮肥施用尿素（N 46%），磷肥施用过磷酸钙（P_2O_5 12%），钾肥施用农用硫酸钾（K_2O 50%）或者氯化钾（K_2O 60%），有机肥和磷钾肥作为基肥一次性施入。

秋季基肥在播种前（10 月中下旬）旋地时施入，将有机肥和化肥均匀撒施于地表并与粉碎的玉米秸秆翻入土中，同时避免与未腐熟的农家肥或过酸过碱的肥料等混合施用。土壤施肥深度不宜太深，控制在 10~15 厘米为宜。

（4）追肥施用量及方法　追肥于翌年小麦返青期或拔节初期进行。追肥中纯氮用量占小麦季纯氮总用量的 50%，每亩化学氮肥（N）用量为 6.5 千克。为了减少追肥期的氨排放损失，根据不同产区的水肥管理条件和农用机械条件的差异，可选择"机械沟施追肥技术"或"稳定性氮肥表施追肥技术"。

机械沟施追肥技术：氮肥选择普通尿素，通过开沟施肥或者施肥器均匀将尿素施用于距离小麦根系 5~10 厘米为宜，深度 5~10 厘米为宜，施用后适量进行田间灌溉效果更好。

稳定性氮肥表施追肥技术：为了降低施肥工作量，也可选择新型增效氮肥配合"以水带氮"技术实现表面撒施氮肥的条件下降低氨挥发损失的目的。氮肥选择添加脲酶抑制剂的增效尿素，如由河南心连心化学工业集团股份有限公司生产的超控士尿素（含 N 46%）。在土壤水分含量相对较低的情况下，撒施超控士尿素，然后进行适度灌溉，利用"以水带氮"的作用将氮素带入深层土壤，抑制氨挥发损失。也可结合降雨，在雨前撒施超控士尿素。

2. 基于农田氨减排的夏玉米施肥技术规程

(1) 基本理论与适用范围 从全年的氨挥发动态来看，受夏季高温影响，氨在夏季的排放量明显高于冬季。据统计，冬季（12月至翌年2月）大气氨排放约占全年排放总量的17%，夏季（6—8月）约占全年的33%，是冬季排放量的近2倍。华北平原夏玉米的种植期处于农田氨挥发的高排放期，因此，夏玉米季的氨挥发损失风险非常大，尤其是对于华北平原比较常见的碱性潮土。本施肥技术规程（图4-11）适用于华北平原夏玉米种植区，肥料施用量可根据不同产区土壤肥力状况进行适当调整，要求耕地平坦，便于农业机械作业。基于夏玉米"高氮、高钾、中磷"与"苗期需肥量少和中期需肥量大"的养分吸收特点，结合玉米种肥同播设施，调整氮肥种类，以达到华北平原夏玉米产区的氨减排目标。

技术措施	播种期	大喇叭口期	追肥种类
夏玉米基肥种肥同播配合稳定性氮肥追肥技术	化肥：N：P_2O_5：K_2O=6千克/亩：2.5千克/亩：5千克/亩 施肥措施：种肥同播	肥料种类：添加脲酶抑制剂稳定性氮肥（超控士尿素） 施用量：N=6千克/亩 施肥方法：撒施后灌溉，或者降雨前撒施	

图 4-11 基于农田氨减排的夏玉米施肥技术规程

(2) 施肥量 亩产水平500～600千克的每亩施肥量：氮肥（N）12千克，磷肥（P_2O_5）3千克，钾肥（K_2O）5千克。为了便于种肥同播技术的实施，肥料选用颗粒均匀，氮、磷、钾含量适宜的优质复合肥、专用肥或磷酸二铵＋颗粒钾肥掺匀使用，最好选用正规厂家生产、氮钾配比适当、玉米田专用的缓释或控释肥，不能用高氯或双氯肥料、尿素等对种子萌发有害的肥料。磷、钾肥作基肥一次施入，氮肥的基追比例为 1:1。

(3) 基肥施用量及方法 提倡前茬小麦秸秆还田，基肥采用种肥同播技术施用。每亩施用化学氮肥（N）6 千克、化学磷肥（P_2O_5）3 千克、化学钾肥（K_2O）5 千克。采用新式玉米单粒种肥同播机，为防止肥料对种子萌发的影响，种肥同播过程中要保持种子、肥料间隔 7 厘米以上，最好达到 10 厘米，并且播种后 1～3 天及时灌溉。

(4) 追肥施用量及方法 玉米大喇叭口期进行氮肥追施，每亩施用化学氮肥（N）6 千克，并添加脲酶抑制剂尿素，如由河南心连心化学工业集团股份有限公司生产的超控士尿素（含 N 46%）。在土壤水分含量相对较低的情况下，撒施超控士尿素，然后进行适度灌溉，利用"以水带氮"的作用将氮素带入深层土壤，抑制氨挥发损失。也可结合降雨，在雨前撒施超控士尿素。

(5) 注意事项 缓控释肥是种肥同播的最佳肥料品种，既可避免烧苗，也可确保达到玉米整个生长时期的需求。为控制投入成本，选择尿素作为基肥氮源，需配套如下农艺管理措施，以防烧苗。①种肥同播过程中要保持种子、肥料间隔 7 厘米以上，最好达到 10 厘米；②播种 1～3 天内，要浇蒙头水，注意土壤墒情，避免烧种烧苗；③无条件购买硫酸钾的情况下，可用 5 千克/亩氯化钾代替，但需注意采用上述农艺管理措施防止烧苗。

六、区域化农田氨挥发控制案例

近年来，我国农业生产对大气、土壤和水体的污染逐渐被人们重视，农业已超过工业成为我国最大的面源污染产业。特别是化肥、农药长期不合理与过量使用，以及畜禽粪便资源化利用程度低、废弃农用薄膜未能有效回收等问题，导致农业面源污染日益严重。农业面源污染具有多源性、广泛性、复杂性、区域差异性等特点，均成为农业面源污染防治的难点所在。氨挥发属于农业面源污染的一种，治理难度较大。此外，由于气候、土壤类型、种植模式、施肥习惯等因素的影响，不同区域的氨排放特征也存在差别，治理必须有针对性。

我国的农田比较分散，管理主体是农民，应将科学的施肥管理技术和优良的肥料产品推荐给农民，增大推广面积，才能最大化达到控制农田氨挥发的效果。但是，多数控制氨挥发的生产技术往往需要更高的管理水平，或者更高的生产成本。比如，追肥采用深施技术或者配合水肥一体化技术是控制农田氨挥发的有效措施，但农民是否能科学合理地施用化肥，是否能接受成本更高的管理手段，是否能接受更烦琐的农田管理技术，换句话说，农民是否有支付农业面源污染防控的意愿，这对农业面源污染防治效果有很大的影响。目前来看，农业面源污染治理还需在政府监管的基础上，增强教育培训、引导，实现防治主体由政府转向农民，使农民能自发接受科学施肥规程。当然，研发能够抑制氨挥发的新型肥料产品，简化施肥步骤，便于农民接受，将是农业氨挥发控制的必要手段。

近年来，我国每年氨排放量较大，排放强度是欧盟和美国的4～5倍。其中，80%～90%的氨排放来自农业源，农业中大量施用氮肥是氨排放的最大来源。近年来大气环境问题备受关注，氨排放研究的重要性日益凸显，如何客观、科学地开展研究，以探索降低农业氨排放强度和减少农业面源污染的途径尤为重要。目前氨挥发时空分布不清，减排难度大，技术欠缺，亟待攻关，农业氨减排工作基础薄弱、难度较大，迫切需要突破氨减排关键技术。心连心公司研发推广的含力谋仕脲酶抑制剂新型肥料产品——超控士尿素，经前期田间试验证明可减少化肥损失，提高氮肥利用率，在保证粮食产量的同时具有良好的氨减排效应。

为了弄清华北平原、长江中下游地区成为氨排放热点的问题，了解新型肥料（超控士尿素）对大气污染的影响及对作物增产的效果，2019—2020年，河北省邯郸市农业农村局、邯郸市生态环境局与中国农业大学张福锁院士团队合作，依托中国农业大学曲周实验站和曲周县农业农村局共同开展"农业面源污染治理减少农业氨排放"课题研究，旨在探索华北平原农田氨排放控制的氮肥综合管理模式，同时配合企业研发新型增效氮肥并制定相关配套技术，简化肥料施用步骤，加大农户的接受度，并在政府的引领和监管下，推进氨减排施肥技术的宣传和推广（图4-12）。

图4-12　氨减排项目观摩会现场

通过田间试验和示范发现（图4-13），在测土配方施肥技术确定的合理施肥量基础上，采用添加新型脲酶抑制剂的超控士尿素，能在保证作物产量的基础上，提升土壤肥力，控制农田氨挥发。与传统施肥模式相比，小麦季降低氨排放49.0%，玉米季降低38.5%。此外，添加新型脲酶抑制剂的超控士尿素在表面撒施模式下，依然具有良好的氨减排效果，减氨效果稳定，受气象条件影响较小，便于大面积推广应用，能够作为大尺度环境下农田氨挥发的有效控制手段之一。

本案例依托河北省曲周县国家农业绿色发展先行区，政府、高校和企业三方合力，在曲周县1.6万亩小麦—玉米田进行了新型含脲酶抑制剂肥料的氨减排效应研究和示范，探索了便于农户接受的

图 4-13　科技人员现场演示氨挥发测定方法

农田氨减排综合管理技术模式，取得良好的区域化农田氨减排效果。同时，通过开展线上和线下观摩会、培训会和录制宣传视频等手段，加大宣传力度，取得良好的影响力和关注度，为下一步大面积推广应用提供了理论依据和经验借鉴，也进一步发挥了国家农业绿色发展先行区的引领带动作用。

七、农田氨减排技术的研究展望

　　种植业或农田的氨排放主要与铵态或酰胺态氮肥的施用有关，氨减排可通过控制氮肥总量、改善农田管理措施、优化氮肥产品和施用技术等途径实现。目前，随着农业农村部化肥零增长/负增长行动的实施，氮肥用量逐步趋于合理，并且在大力倡导秸秆还田和有机肥替代等农田管理措施的背景下，未来农田氨减排重点将是肥料品种与施肥技术的优化。近年来，我国针对农田氨排放的机理和消减技术做了大量的研究和推广工作，并且取得了较好的成绩。但是，由于我国种植业氨排放驱动和影响因素较为复杂，想要在保证作物生产力的基础上达到精准控氨的目标依然任重道远，建议未来重点加强以下几个方面研究。

（1）进一步加强农田氨挥发损失的长期原位监测，明确不同产区典型作物的氨排放特征和影响因素，摸清氨排放关键贡献因子，这将是针对性提出氨减排技术的核心依据。

（2）氮肥深施是氨减排的核心技术，但要配合相关农业机械。未来应进一步加强农业施肥机械研发，尤其是用于密植作物的氮肥追施机械和水肥一体化装置的优化，弥补水溶肥和液态有机肥施用技术的短板。

（3）拓宽氨减排技术的评价指标，在重点关注农田氨挥发的基础上，应加强反硝化和氧化亚氮排放、硝酸盐淋洗同步观测，对氮素损失途径之间的此消彼长关系进行综合评估。未来的氨减排综合管理技术，应以提升产量和氮肥利用率为核心目标，综合考虑各个氮素损失途径，最终实现经济效益和环境效益最大化。

（4）应加强不同氨减排技术的协同控氨机制研究，综合考虑氮肥用量、施肥方式、肥料种类和施用技术等因素，选育氮高效品种，充分挖掘氨减排潜力。尤其需重视稳定性肥料、缓控释肥料、水溶肥料、微生物肥料等新型肥料的氨减排机制、适用区域和控制因素探索，并以此为理论依据，针对目标区域的农田氨排放特征，配合其他氨减排技术集成综合管理模式。

参 考 文 献

边源，2020. 果园土壤 N_2O 排放、NH_3 挥发监测技术研究. 保定：河北农业大学.

陈广锋，杜森，江荣风，等，2013. 我国水肥一体化技术应用及研究现状. 中国农技推广，29（5）：39 - 41.

陈温福，张伟明，孟军，2013. 农用生物炭研究进展与前景. 中国农业科学，46（16）：3324 - 3333.

陈新平，张福锁，2006. 通过"3414"试验建立测土配方施肥技术指标体系. 中国农技推广（4）：36 - 39.

单永超，张立新，王欢，等，2022. 基于 PLC 的棉花膜下精量灌溉施肥控制系统设计. 农机化研究，44（10）：172 - 175，180.

邓美华，尹斌，张绍林，等，2006. 不同施氮量和施氮方式对稻田氨挥发损失的影响. 土壤（3）：263 - 269.

高鹏程，张一平，2001. 氨挥发与土壤水分散失关系的研究. 西北农林科技大学学报（自然科学版）（6）：22 - 26.

葛顺峰，彭玲，任饴华，等，2014. 秸秆和生物质炭对苹果园土壤容重、阳离子交换量和氮素利用的影响. 中国农业科学，47（2）：366 - 373.

龚巍巍，张宜升，何凌燕，等，2011. 菜地氨挥发损失及影响因素原位研究. 环境科学，32（2）：345 - 350.

贺发云，尹斌，金雪霞，等，2005. 南京两种菜地土壤氨挥发的研究. 土壤学报（2）：253 - 259.

侯坤，荣湘民，韩永亮，等，2021. 施肥深度对潮砂土氮磷损失及土壤氮磷含量的影响. 土壤，53（4）：707 - 714.

胡小凤，王正银，游媛，等，2010. 缓释复合肥在不同土壤水分条件下氨挥发特性研究. 环境科学，31（8）：1937 - 1943.

黄昌勇，徐建明，2010. 土壤学. 北京：中国农业出版社.

黄彬香，苏芳，丁新泉，等，2006. 田间土壤氨挥发的原位测定：风洞法. 土壤，38（6）：712 - 716.

黄丽娜，魏守兴，2015. 脲甲醛肥料合成及应用研究现状. 农学学报，5（7）：

76 - 80.

贾国焣，骆洪义，褚屿，等，2022. 不同灌溉方式下水肥一体化对玉米养分吸收规律的影响. 节水灌溉 (2)：40 - 47.

康雅凝，2016. 中国高分辨率氨排放清单研究 (1980—2012 年). 北京：北京大学.

李欠欠，2014. 脲酶抑制剂 LIMUS 对我国农田氨减排及作物产量和氮素利用的影响. 北京：中国农业大学.

李欠欠，李雨繁，高强，等，2015. 传统和优化施氮对春玉米产量、氨挥发及氮平衡的影响. 植物营养与肥料学报，21 (3)：571 - 579.

李燕青，温延臣，林治安，等，2019. 不同有机肥与化肥配施对作物产量及农田氮肥气态损失的影响. 植物营养与肥料学报，25 (11)：1835 - 1846.

李银坤，武雪萍，武其甫，等，2016. 水氮用量对设施栽培蔬菜地土壤氨挥发损失的影响. 植物营养与肥料学报，22 (4)：949 - 957.

凌莉，李世清，李生秀，1999. 石灰性土壤氨挥发损失的研究. 土壤侵蚀与水土保持学报 (S1)：119 - 122.

刘红恩，张胜男，刘世亮，等，2018. 腐植酸尿素对冬小麦产量、养分吸收利用和土壤养分的影响. 西北农业学报，27 (7)：944 - 952.

刘秋丽，2020. 模拟降水量对土壤水氮运移及氨挥发特性的影响. 水资源开发与管理 (1)：39 - 44.

刘学军，沙志鹏，宋宇，等，2021. 我国大气氨的排放特征、减排技术与政策建议. 环境科学研究，34 (1)：149 - 157.

刘艳丽，丁方军，张娟，等，2016. 活化腐植酸-尿素施用对小麦—玉米轮作土壤氮肥利用率及其控制因素的影响. 中国生态农业学报，24 (10)：1310 - 1319.

刘阳阳，2020. 水氮调控对设施土壤氨挥发及其影响因素研究. 沈阳：沈阳农业大学.

刘增兵，赵秉强，林治安，2009. 熔融造粒腐植酸尿素的缓释性能研究. 植物营养与肥料学报，15 (6)：1444 - 1449.

卢丽丽，吴根义，2019. 农田氨排放影响因素研究进展. 中国农业大学学报，24 (1)：149 - 162.

卢丽丽，吴根义，2021. 基于层次分析法的稻田氨排放影响因素权重分析. 湖南农业科学 (7)：48 - 52.

罗伟，程于真，陈竹君，等，2019. 日光温室番茄—西瓜轮作系统不同水氮处理氨挥发特征. 应用生态学报，30 (4)：1278 - 1286.

孟颖，王宏燕，于崧，等，2014. 生物黑炭对玉米苗期根际土壤氮素形态及相关微生物的影响.中国生态农业学报，22（3）：270-276.

任立军，赵文琪，安婷婷，等，2021.不同施肥方式对设施土壤氨挥发特征的影响.环境科学研究，34（11）：2731-2739.

山楠，赵同科，毕晓庆，等，2014.不同施氮水平下小麦田氨挥发规律研究.农业环境科学学报，33（9）：1858-1865.

石雄高，裴雪霞，党建友，等，2021.小麦微喷（滴）灌水肥一体化高产优质高效生态栽培研究进展.作物杂志，38（1）：1-11.

史鑫蕊，徐强，胡克林，等，2018.灌水次数对绿洲春玉米田氮素损失及水氮利用效率的影响.农业工程学报，34（3）：118-126.

汪霞，2017.微生物菌剂对碱性土壤氨挥发的控制及其机理研究.合肥：中国科学技术大学.

王平，付战勇，李絮花，等，2018.腐植酸对土壤氮素转化及氨挥发损失的影响.中国土壤与肥料（4）：28-33.

王琛，张秀明，段佳堃，等，2021.中国农畜牧业高分辨率氨排放清单.中国生态农业学报（中英文），29（12）：1973-1980.

王艳，段学军，2017.氨污染：被忽视的雾霾元凶.生态经济，33（6）：6-9.

王跃思，2017.我国大气灰霾污染现状、治理对策建议与未来展望：王跃思研究员访谈.中国科学院院刊，32（3）：219-227.

王远，闵炬，史培华，等，2021.稻麦轮作体系两种氨挥发监测方法比较研究.中国生态农业学报（中英文），29（12）：1990-2001.

王远，许纪元，潘云枫，等，2021.长江下游地区水肥一体化对设施番茄氮肥利用率及氨挥发的影响.土壤学报，59（3）：1-9.

王朝辉，刘学军，巨晓棠，等，2002.田间土壤氨挥发的原位测定：通气法.植物营养与肥料学报，8（2）：205-209.

吴富钧，2020.上海地区两种农田绿色种植模式氨挥发特征的研究.福州：福建农林大学.

吴克宁，赵瑞，2019.土壤质地分类及其在我国应用探讨.土壤学报，56（1）：227-241.

吴良泉，武良，崔振岭，等，2015.中国玉米区域氮磷钾肥推荐用量及肥料配方研究.土壤学报，52（4）：802-817.

吴良泉，武良，崔振岭，等，2016.中国水稻区域氮磷钾肥推荐用量及肥料配方研究.中国农业大学学报，21（9）：1-13.

吴良泉，武良，崔振岭，等，2019.中国小麦区域氮磷钾肥推荐用量及肥料配方研究.中国农业大学学报，24（11）：30-40.

吴萍萍，刘金剑，杨秀霞，等，2009. 不同施肥制度对红壤地区双季稻田氨挥发的影响. 中国水稻科学，23（1）：85-93.

武星魁，姜振萃，陆志新，等，2020. 有机肥部分替代化肥氮对叶菜产量和环境效应的影响. 中国生态农业学报（中英文），28（3）：349-356.

武月胜，李海平，段旭锦，等，2021. 腐植酸的农化效应综述. 腐植酸（6）：7-14.

肖红伟，肖化云，唐从国，等，2010. 贵阳地区氨排放量估算. 地球与环境，38（1）：21-25.

夏永秋，王慎强，孙朋飞，等，2021. 长江中下游典型种植业氨排放特征与减排关键技术. 中国生态农业学报（中英文），29（12）：1981-1989.

谢梓豪，樊品镐，武华，等，2020. 基于氨挥发因子方法的中国农田氨排放量估算. 环境科学学报，40（11）：4180-4188.

邢寒冰，董文旭，庞桂斌，等，2021. 不同水氮管理对梨园土壤氨挥发的影响. 中国生态农业学报（中英文），29（12）：2013-2023.

许俊香，邹国元，孙钦平，等，2013. 腐植酸尿素对土壤氨挥发和玉米生长的影响. 土壤通报，44（4）：934-939.

许云翔，何莉莉，陈金媛，等，2020. 生物炭对农田土壤氨挥发的影响机制研究进展. 应用生态学报，31（12）：4312-4320.

杨杉，吴胜军，王雨，等，2014. 三峡库区农田氨挥发及其消减措施研究进展. 土壤，46（5）：773-779.

杨亚红，薛莉霞，孙波，等，2020. 解淀粉芽孢杆菌生物有机肥防控土壤氨挥发. 环境科学，41（10）：4711-4718.

张承先，武雪萍，吴会军，等，2008. 不同土壤水分条件下华北冬小麦基施不同氮肥的氨挥发研究. 中国土壤与肥料（5）：28-32.

张福锁，2011. 测土配方施肥技术. 北京：中国农业大学出版社.

张庆利，张民，杨越超，等，2002. 碳酸氢铵和尿素在山东省主要土壤类型上的氨挥发特性研究. 土壤通报（1）：32-34.

张怡彬，李俊改，王震，等，2021. 有机替代下华北平原旱地农田氨挥发的年际减排特征. 植物营养与肥料学报，27（1）：1-11.

赵秉强，林治安，刘增兵，2008. 中国肥料产业未来发展道路-提高肥料利用率减少肥料用量. 磷肥与复肥，23（6）：1-4.

赵政鑫，王晓云，田雅洁，等，2021. 基于Meta分析的不同生产条件下秸秆还田对土壤氨挥发的影响. 环境科学，43（3）：1-13.

郑凤霞，董树亭，刘鹏，等，2017. 长期有机无机肥配施对冬小麦籽粒产量及氨挥发损失的影响. 植物营养与肥料学报，23（3）：567-577.

周慧，史海滨，徐昭，等，2019. 化肥有机肥配施对盐渍化土壤氨挥发及玉米产量的影响. 农业环境科学学报，38（7）：1649-1656.

周丽平，杨俐苹，白由路，等，2016. 不同氮肥缓释化处理对夏玉米田间氨挥发和氮素利用的影响. 植物营养与肥料学报，22（6）：1449-1457.

朱影，庄国强，吴尚华，等，2020. 农田土壤氨挥发的过程和控制技术研究. 环境保护科学，46（6）：88-96.

邹长明，颜晓元，八木一行，2005. 淹水条件下的氨挥发研究. 中国农学通报（2）：167-170.

Abalos D, Jeffery S, Sanz-Cobena A, et al., 2014. Meta-analysis of the effect of urease and nitrification inhibitors on crop productivity and nitrogen use efficiency. Agriculture Ecosystems and Environment, 189: 136-144.

Amin A E A, 2020. Carbon sequestration, kinetics of ammonia volatilization and nutrient availability in alkaline sandy soil as a function on applying calotropis biochar produced at different pyrolysis temperatures. Science of the Total Environment, 726: 138489.

An Z S, Huang R J, Zhang R Y, et al., 2019. Severe haze in northern China: a synergy of anthropogenic emissions and atmospheric processes. Proceedings of the National Academy of Sciences of the United States of America, 116: 8657-8666.

Backes A M, Aulinger A, Bieser J, et al., 2016. Ammonia emissions in Europe, part II: how ammonia emission abatement strategies affect secondary aerosols. Atmospheric environment, 126: 153-161.

Beverland I J, Oneill D H, Scott S L, et al., 1996. Design, construction and operation of flux measurement systems using the conditional sampling technique. Atmospheric Environment, 30: 3209-3220.

Bouwmeester R J B, Vlek P L G, 1981. Wind-tunnel simulation and assessment of ammonia volatilization from ponded water. Agronomy Journal, 73 (3): 546-552.

Burba G G, McDermitt D K, Grelle A, et al., 2008. Addressing the influence of instrument surface heat exchange on the measurements of CO_2 flux from open-path gas analyzers. Global Change Biology, 14: 1854-1876.

Camarero L, Catalan J, 2012. Atmospheric phosphorus deposition may cause lakes to revert from phosphorus limitation back to nitrogen limitation. Nature Communications, 3: 1118.

Camargo J A, Alonso A, 2006. Ecological and toxicological effects of inorganic nitrogen pollution in aquatic ecosystems: a global assessment. Environment International, 32 (6): 831 - 849.

Castaldi S, Riondino M, Baronti S, et al. , 2011. Impact of biochar application to a Mediterranean wheat crop on soil microbial activity and greenhouse gas fluxes. Chemosphere, 85: 1464 - 1471.

Chan C K, Yao X, 2008. Air pollution in mega cities in China. Atmospheric Environment, 42: 1 - 42.

Cheng L, Ye Z L, Cheng S Y, et al. , 2021. Agricultural ammonia emissions and its impact on $PM_{2.5}$ concentrations in the Beijing-Tianjin-Hebei region from 2000 to 2018. Environmental Pollution, 291 (18): 118162.

Cheng S H, Cheng M M, Guo Z, et al. , 2020. Enhanced atmospheric ammonia (NH_3) pollution in China from 2008 to 2016: evidence from a combination of observations and emissions. Environmental Pollution, 263: 114421.

Cheng Y, Zheng G, Wei C, et al. , 2016. Reactive nitrogen chemistry in aerosol water as a source of sulfate during haze events in China. Science Advances, 2 (12): e1601530.

Ciais P, Sabine C, Bala G, et al. , 2014. Carbon and other biogeochemical cycles. Cambridge: Cambridge University Press: 465 - 570.

Denmead O T, 2008. Approaches to measuring fluxes of methane and nitrous oxide between landscapes and the atmosphere. Plant and Soil, 309: 5 - 24.

Denmead O T, Simpson J R, Freney J R, 1977. Direct field measurement of ammonia emission after injection of anhydrous ammonia. Soil Science Society of America Journal, 41: 1001 - 1004.

Deng Z L, Zhang Q Q, Zhang X Y, 2021. Satellite-Based analysis of spatial-temporal distributions of NH_3 and factors of influence in north China. Frontiers in Environmental Science, 9: 761557.

Duce R A, LaRoche J, Altieri K, et al. , 2008. Impacts of atmospheric anthropogenic nitrogen on the open ocean. Science, 320: 893 - 897.

Dyer A J, Hicks B B, 1970. Flux-gradient relationships in constant flux layer. Quarterly Journal of the Royal Meteorological Society, 96: 715 - 721.

Erisman J W, Sutton M, Galloway J, et al. , 2008. How a century of ammonia synthesis changed the world. Nature Geoscience, 1: 636 - 639.

Feng Y F, He H Y, Li D T, et al. , 2021. Biowaste hydrothermal carbonization aqueous product application in rice paddy: focus on rice growth and ammonia volatilization. Chemosphere, 277: 130233.

Fowler D, Coyle M, Skiba U, et al. , 2013. The global nitrogen cycle in the twenty-first century. Philosophical Transactions of the Royal Society B: Biological Sciences, 368: 20130164.

Francisco S S, Urrutia O, Martin V, et al. , 2011. Efficiency of urease and nitrification inhibitors in reducing ammonia volatilization from diverse nitrogen fertilizers applied to different soil types and wheat straw mulching. Journal of the Science of Food and Agriculture, 91: 1569 - 1575.

Galloway J N, Dentener F J, Capone D G, et al. , 2004. Nitrogen cycles: past, present, and future. Biogeochemistry, 70: 153 - 226.

Galloway J N, Townsend A R, Erisman J W, et al. , 2008. Transformation of the nitrogen cycle: recent trends, questions, and potential solutions. Science, 320: 889 - 892.

Guo J H, Liu X J, Zhang Y, et al. , 2010. Significant acidification in major Chinese croplands. Science, 327: 1008 - 1010.

Guo Y, Chen Y, Searchinger T D, et al. , 2020. Air quality, nitrogen use efficiency and food security in China are improved by cost-effective agricultural nitrogen management. Nature Food, 1 (10): 648 - 658.

He T H, Liu D Y, Yuan J J, et al. , 2018. A two years study on the combined effects of biochar and inhibitors on ammonia volatilization in an intensively managed rice field. Agriculture Ecosystems & Environment, 264: 44 - 53.

Huang J R, Zhang Y L, Bozzetti C, et al. , 2014. High secondary aerosol contribution to particulate pollution during haze events in China. Nature, 514: 218 - 222.

Huang X, Song Y, Li M, et al. , 2012. A high-resolution ammonia emission inventory in China. Global Biogeochemical Cycles, 26: 1 - 14.

Huang X J, Zhang J K, Zhang W, et al. , 2021. Atmospheric ammonia and its effect on $PM_{2.5}$ pollution in urban Chengdu, Sichuan Basin, China. Environmental Pollution, 291: 118195.

Huo Q, Cai X, Kang L, et al. , 2015. Estimating ammonia emissions from a winter wheat cropland in North China Plain with field experiments and inverse dispersion modeling. Atmospheric Environment, 104: 1 - 10.

Jiang B, Xia D, 2017. Role identification of NH_3 in atmospheric secondary new particle formation in haze occurrence of China. Atmospheric Environment, 163: 107 - 117.

Jiang B, Xia D, 2020. Ammonia control represents the key for $PM_{2.5}$ elimination:

insights for global air pollution control interconnected from $PM_{2.5}$ events in China. Clean Technologies and Environmental Policy, 23: 829 - 841.

Kang Y, Liu M, Song Y, et al. , 2016. High-resolution ammonia emissions inventories in China from 1980 to 2012. Atmospheric Chemistry and Physics, 16: 2043 - 2058.

Kong L, Tang X, Zhu J, et al. , 2019. Improved inversion of monthly ammonia emissions in China based on the Chinese ammonia monitoring network and ensemble kalman filter. Environmental Science & Technology, 53: 12529 - 12538.

Laird D A, Fleming P, Davis D D, et al. , 2010. Impact of biochar amendments on the quality of a typical Midwestern agricultural soil. Geoderma, 158: 443 - 449.

Li B, Chen L, Shen W, et al. , 2021. Improved gridded ammonia emission inventory in China. Atmospheric Chemistry and Physics, 21: 15883 - 15900.

Li H, Cheng J, Zhang Q, et al. , 2019. Rapid transition in winter aerosol composition in Beijing from 2014 to 2017: response to clean air actions. Atmospheric Chemistry and Physics, 19: 11485 - 11499.

Li Q Q, Yang A L, Wang Z H, et al. , 2015. Effect of a new urease inhibitor on ammonia volatilization and nitrogen utilization in wheat in north and northwest China. Field Crops Research, 175: 96 - 105.

Li Y, Schichtel B A, Walker J T, et al. , 2016. Increasing importance of deposition of reduced nitrogen in the United States. Proceedings of the National Academy of Sciences of the United States of America, 113 (21): 5874 - 5879.

Lin J T, Pan D, Davis S J, et al. , 2014. China's international trade and air pollution in the United States. Proceedings of the National Academy of Sciences of the United States of America, 111 (5): 1736 - 1741.

Liu D, Huang Z B, Men S H, et al. , 2019. Nitrogen and phosphorus adsorption in aqueous solutions by humic acids from weathered coal: isotherm, kinetics and thermodynamic analysis. Water Science and Technology, 79: 2175 - 2184.

Liu L, Zhang X, Xu W, et al. , 2020a. Fall of oxidized while rise of reduced reactive nitrogen deposition in China. Journal of Cleaner Production, 272: 122875.

Liu M, Huang X, Song Y, et al. , 2018. Rapid SO_2 emission reductions significantly increase tropospheric ammonia concentrations over the North China Plain. Atmospheric Chemistry and Physics, 18: 17933 - 17943.

Liu M X, Song Y, Yao H, et al. , 2015. Estimating emissions from agricultural fires

in the North China Plain based on MODIS fire radiative power. Atmospheric Environ-
ment, 112: 326 - 334.

Liu T Q, Fan D J, Zhang X X, et al. , 2015. Deep placement of nitrogen fertilizers
reduces ammonia volatilization and increases nitrogen utilization efficiency in no-
tillage paddy fields in central China. Field Crops Research, 184: 80 - 90.

Liu X D, Chen L Y, Hua Z L, et al. , 2020. Comparing ammonia volatilization
between conventional and slow-release nitrogen fertilizers in paddy fields in the
Taihu Lake region. Environmental Science and Pollution Research, 27:
8386 - 8394.

Liu XJ, Zhang Y, Han WX, et al. , 2013. Enhanced nitrogen deposition over
China. Nature, 494 (7438): 459 - 462.

Liu X J, Xu W, Sha Z P, et al. , 2020b. A green eco-environment for sustainable
development: framework and action. Frontiers of Agricultural Science and Engi-
neering, 7 (1): 74 - 81.

Lu W W, Riya S, Zhou S, et al. , 2012. In situ dissimilatory nitrate reduction to
ammonium in a paddy soil fertilized with liquid cattle waste. Pedosphere, 22:
314 - 321.

Major J, Rondon M, Molina D, et al. , 2010. Maize yield and nutrition during 4
years after biochar application to a Colombian savanna oxisol. Plant and Soil,
333: 117 - 128.

Mazzetto A M, Styles D, Gibbons J, et al. , 2020. Region-specific emission factors for
Brazil increase the estimate of nitrous oxide emissions from nitrogen fertiliser applica-
tion by 21%. Atmospheric Environment, 230: 117506.

McDermitt D, Burba G, Xu L, et al. , 2011. A new low-power, open-path
instrument for measuring methane flux by eddy covariance. Applied Physics
B-Lasers and Optics, 102: 391 - 405.

Miah M A M, Gaihre Y K, Hunter G, et al. , 2016. Fertilizer deep placement
increases rice production: evidence from farmers' fields in Southern Bangla-
desh. Agronomy Journal, 108: 805 - 812.

Nkebiwe P M, Weinmann M, Bar-Tal A, et al. , 2016. Fertilizer placement to
improve crop nutrient acquisition and yield: a review and meta-analysis. Field
Crops Research, 196: 389 - 401.

Pacholski, Cai G X, Fan X H, et al. , 2008. Comparison of different methods for
the measurement of ammonia volatilization after urea application in Henan Prov-
ince, China. Journal of Plant Nutrition and Soil Science, 171: 367 - 369.

Pai S J, Heald C L, Murphy J G, 2021. Exploring the global importance of atmospheric ammonia oxidation. ACS Earth and Space Chemistry, 5: 1674-1685.

Pacholski A, Cai G X, Nieder R, et al. , 2006. Calibration of a simple method for determining ammonia volatilization in the field-comparative measurements in Henan Province, China. Nutrient Cycling in Agroecosystems, 74: 259-273.

Pan Y, Tian S, Zhao Y, et al. , 2018. Identifying ammonia hotspots in China using a national observation network. Environmental Science & Technology, 52: 3926-3934.

Perin V, Santos E A, Lollato R, et al. , 2020. Impacts of ammonia volatilization from broadcast urea on winter wheat production. Agronomy Journal, 112: 3758-3772.

Pozzer A, Tsimpidi A P, Karydis V A, et al. , 2017. Impact of agricultural emission reductions on fine-particulate matter and public health. Atmospheric Chemistry and Physics, 17 (20): 12813-12826.

Raupach M R, Legg B J, 1984. The uses and limitations of flux-gradient relationships in micrometeorology. Agricultural Water Management, 8: 119-131.

Regueiro I, Coutinho J, Fangueiro D, 2016. Alternatives to sulfuric acid for slurry acidification: impact on slurry composition and ammonia emissions during storage. Journal of Cleaner Production, 131: 296-307.

Rochette P, Angers D A, Chantigny M H, et al. , 2009. Reducing ammonia volatilization in a no-till soil by incorporating urea and pig slurry in shallow bands. Nutrient Cycling in Agroecosystems, 84: 71-80.

Roelcke M, Li S X, Tian X H, et al. , 2002. In situ comparisons of ammonia volatilization from N fertilizers in Chinese loess soils. Nutrient Cycling in Agroecosystems, 62: 73-88.

Saha B K, Rose M T, Wong V, et al. , 2017. Hybrid brown coal-urea fertiliser reduces nitrogen loss compared to urea alone. Science of the Total Environment, 601: 1496-1504.

Sha Z P, Li Q Q, Lv T T, et al. , 2019. Response of ammonia volatilization to biochar addition: a meta-analysis. Science of the Total Environment, 655: 1387-1396.

Sha Z P, Liu H J, Wang J X, et al. , 2021. Improved soil-crop system management aids in NH₃ emission mitigation in China. Environmental Pollution,

289: 117844.

Sha ZP, Ma X, Loick N, et al. , 2020. Nitrogen stabilizers mitigate reactive N and greenhouse gas emissions from an arable soil in North China Plain: field and laboratory investigation. Journal of Cleaner Production, 258: 121025.

Shen Y W, Lin H T, Gao W S, et al. , 2020. The effects of humic acid urea and polyaspartic acid urea on reducing nitrogen loss compared with urea. Journal of the Science of Food and Agriculture, 100: 4425 - 4432.

Stokstad E, 2014. Ammonia pollution from farming may exact hefty health costs. Science, 343: 238.

Sumner J B, 1926. The isolation and crystallization of the enzyme urease: preliminary paper. Journal of Biological Chemistry, 69: 435 - 441.

Sun K, Tao L, Miller D J, et al. , 2015. Open-path eddy covariance measurements of ammonia fluxes from a beef cattle feedlot. Agricultural and Forest Meteorology, 213: 193 - 202.

Tarin M W K, Khaliq M A, Fan L, et al. , 2021. Divergent consequences of different biochar amendments on carbon dioxide (CO_2) and nitrous oxide (N_2O) emissions from the red soil. Science of The Total Environment, 754: 141935.

Ti C P, Xia L L, Chang S X, et al. , 2019. Potential for mitigating global agricultural ammonia emission: a meta-analysis. Environmental Pollution, 245: 141 - 148.

Tie X, Cao J, 2009. Aerosol pollution in China: present and future impact on environment. Particuology, 7: 426 - 431.

Vitousek P M, Httenschwiler S, Olander L, et al. , 2002. Nitrogen and nature. AMBIO: A Journal of the Human Environment, 31 (2): 97 - 101.

Vitousek P M, Menge D N L, Reed S C, et al. , 2013. Biological nitrogen fixation: rates, patterns and ecological controls in terrestrial ecosystems. Philosophical Transactions of the Royal Society B-Biological Sciences, 368: 20130119.

Wang G H, Zhang R Y, Gomez M E, et al. , 2016. Persistent sulfate formation from London Fog to Chinese haze. Proceedings of the National Academy of Sciences of the United States of America, 113: 13630 - 13635.

Wang G, Zhang R, Gomez M E, et al. , 2016. Persistent sulfate formation from London Fog to Chinese haze. Proceedings of the National Academy of Sciences of the United States of America, 113 (48): 13630 - 13635.

Wang K, Kang P, Lu Y, et al. , 2021. An open-path ammonia analyzer for eddy covariance flux measurement. Agricultural and Forest Meteorology，308：108570.

Wang M，Kong W，Marten R，et al. ，2020. Rapid growth of new atmospheric particles by nitric acid and ammonia condensation. Nature，581 (7807)：184 - 189.

Wilson J D，Shum W K N，1992. A re-examination of the integrated horizontal flux method for estimating volatilization from circular plots. Agricultural and Forest Meteorology，57：281 - 295.

Xu J，Chen J，Zhao N，Wang G，et al. ，2020. Importance of gas-particle partitioning of ammonia in haze formation in the rural agricultural environment. Atmospheric Chemistry and Physics，20：7259 - 7269.

Xu J Z，Liu B Y，Wang H Y，et al. ，2019. Ammonia volatilization and nitrogen leaching following top-dressing of urea from water-saving irrigated rice field：impact of two-split surge irrigation. Paddy and Water Environment，17：45 - 51.

Xu W，Luo X S，Pan Y P，et al. ，2015. Quantifying atmospheric nitrogen deposition through a nationwide monitoring network across China. Atmospheric Chemistry and Physics，15：12345 - 12360.

Yan L，Zhang Z D，Chen Y，et al. ，2016. Effect of water and temperature on ammonia volatilization of maize straw returning. Toxicological and Environmental Chemistry，98：638 - 647.

Yao Y L，Zhang M，Tian Y H，et al. ，2018. Urea deep placement for minimizing NH_3 loss in an intensive rice cropping system. Field Crops Research，218：254 - 266.

Yin Y L，Zhao R F，Yang Y，et al. ，2021. A steady-state N balance approach for sustainable smallholder farming. Proceedings of the National Academy of Sciences of the United States of America，118：e2106576118.

Yuan H R，Lu T，Wang Y Z，et al. ，2016. Sewage sludge biochar：nutrient composition and its effect on the leaching of soil nutrients. Geoderma，267：17 - 23.

Zhang A F，Bian R J，Pan G X，et al. ，2012a. Effects of biochar amendment on soil quality，crop yield and greenhouse gas emission in a Chinese rice paddy：a field study of 2 consecutive rice growing cycles. Field Crops Research，127：153 - 160.

Zhang C，Liu S，Wu S，et al. ，2019a. Rebuilding the linkage between livestock and cropland to mitigate agricultural pollution in China. Resources，Conservation and Recycling，144：65 - 73.

Zhang J B，Cai Z C，Yang W Y，et al. ，2012b. Long-term field fertilization affects soil nitrogen transformations in a rice-wheat-rotation cropping system. Journal of Plant Nutrition and Soil Science, 175: 939 – 946.

Zhang J B, Lan T, Muller C, et al. , 2015. Dissimilatory nitrate reduction to ammonium (DNRA) plays an important role in soil nitrogen conservation in neutral and alkaline but not acidic rice soil. Journal of Soils and Sediments, 15: 523 – 531.

Zhang J P, Zhu T, Zhang Q H, et al. , 2012. The impact of circulation patterns on regional transport pathways and air quality over Beijing and its surroundings. Atmospheric Chemistry and Physics, 12: 5031 – 5053.

Zhang L, Chen Y, Zhao Y, et al. , 2018. Agricultural ammonia emissions in China: reconciling bottom-up and top-down estimates. Atmospheric Chemistry and Physics, 18: 339 – 355.

Zhang L, Liu L, Zhao Y, et al. , 2015. Source attribution of particulate matter pollution over North China with the adjoint method. Environmental Research Letters, 10 (8): 084011.

Zhang N, Bai Z, Winiwarter W, et al. , 2019b. Reducing ammonia emissions from dairy cattle production via cost-effective manure management techniques in China. Environmental Science & Technology, 53: 11840 – 11848.

Zhang S Q, Yuan L, Li W, et al. , 2019a. Effects of urea enhanced with different weathered coal-derived humic acid components on maize yield and fate of fertilizer nitrogen. Journal of Integrative Agriculture, 18: 656 – 666.

Zhang W S, Liang Z Y, He X M, et al. , 2019b. The effects of controlled release urea on maize productivity and reactive nitrogen losses: a meta-analysis. Environmental Pollution, 246: 559 – 565.

Zhang Y S, Luan S J, Chen L L, et al. , 2011. Estimating the volatilization of ammonia from synthetic nitrogenous fertilizers used in China. Journal of Environmental Management, 92: 480 – 493.

Zhang Y Y, Liu X J, Zhang L, et al. , 2021. Evolution of secondary inorganic aerosols amidst improving $PM_{2.5}$ air quality in the North China Plain. Environmental Pollution, 281: 117027.

Zhu Q C, De Vries W, Liu X J, et al. , 2016. The contribution of atmospheric deposition and forest harvesting to forest soil acidification in China since 1980. Atmospheric Environment, 146: 215 – 222.

图书在版编目（CIP）数据

农田氨排放及其控制对策 / 刘学军，张影，张书红
主编. -- 北京：中国农业出版社，2024.9. --（中国
主要作物绿色高效施肥技术丛书）. -- ISBN 978-7-109
-32410-7

Ⅰ. X511

中国国家版本馆 CIP 数据核字第 2024QE2309 号

农田氨排放及其控制对策
NONGTIAN AN PAIFANG JIQI KONGZHI DUICE

中国农业出版社出版

地址：北京市朝阳区麦子店街 18 号楼
邮编：100125
责任编辑：史佳丽　魏兆猛
版式设计：王　晨　责任校对：吴丽婷
印刷：中农印务有限公司
版次：2024 年 9 月第 1 版
印次：2024 年 9 月北京第 1 次印刷
发行：新华书店北京发行所
开本：880mm×1230mm　1/32
印张：3.25
字数：90 千字
定价：30.00 元